中国海洋经济
高质量发展的政策与实践

高常水 著

海洋出版社

2021 年 · 北京

图书在版编目（CIP）数据

中国海洋经济高质量发展的政策与实践/高常水著.
—北京：海洋出版社，2021.4

ISBN 978-5210-0747-3

Ⅰ.①中… Ⅱ.①高… Ⅲ.①海洋经济–经济发展–
研究–中国 Ⅳ.①P74

中国版本图书馆 CIP 数据核字（2021）第 034622 号

责任编辑：杨 明

责任印制：赵麟苏

海洋出版社 **出版发行**

http://www.oceanpress.com.cn

北京市海淀区大慧寺路 8 号 邮编：100081

北京朝阳印刷厂有限责任公司印刷 新华书店发行所经销

2021 年 4 月第 1 版 2021 年 4 月北京第 1 次印刷

开本：787mm×1092mm 1/16 印张：10.75

字数：133 千字 定价：60.00 元

发行部：62132549 邮购部：68038093 总编室：62114335

海洋版图书印、装错误可随时退换

目录

理论与现状篇

政策体系篇

平台案例篇

政府实践篇

前言

　　中华民族不仅创造了悠久的农耕文化、游牧文化，而且还创造了璀璨的海洋文明：无论是精卫填海、海神妈祖的海洋神话传说，还是秦皇汉武巡海、徐福东渡以及郑和七下西洋的航海历史故事，都有力地证明了中华海洋文明源远流长，为世界海洋文明的发展做出了积极贡献。

　　海洋是连接五洲的"大通道"，为了形成全面开放的新格局，必须加快向海洋进军。"海纳百川，有容乃大"，自古以来，海洋就是开放包容的象征。人类从陆地走向海洋的过程，其实就是从封闭走向开放的过程。"大航海时代"以来，许多国家向海发展，通过拓展海洋空间、利用海洋资源快速崛起。20 世纪 80 年代，我国设立的经济特区和首批对外开放城市，也都集中在沿海，目的就是充分利用沿海地区的独特地理位置，探索改革开放的新路径。可以说，我国对外开放的每一步，都意味着向海洋的挺进。

　　进入 21 世纪，沿海发达大国纷纷把海洋开发上升为国家战略，用现代科技探索海洋空间，开发海洋资源，构建海洋全产业链，推动产业升级转型，实现了经济高速发展。近年来，我国围绕海洋强国发展战略，出台了一系列政策措施，海洋经济发展迅速，并已经初具规模，区域海洋布局进一步优化，北部、东部和南部三个海洋经济圈已基本形成。但从目前情况看，还存在一些亟待解决的问题。譬如：海洋经济整体质量不高，产业结构亟待调整和升级；海洋科技比重偏低，海洋软实力不强；沿海各地海洋产业同质化问题较为严重，区域发展的海洋文化特色还不够突出等。

本书以"理论与现状—政策体系—实践案例"为基本思路和主线。主要包括四部分：第一部分为理论与现状篇，对海洋经济高质量发展及海洋战略性新兴产业的基本含义进行了界定，理清当前我国海洋经济的发展状况及所面临的问题，并对导致问题的各种因素进行深入分析，进一步从政策层面上提出建议；第二部分为政策体系篇，在充分分析各海洋大国的成功实践的基础上，解读了各国海洋经济发展政策，总结了它们的经验；第三部分为平台案例篇，梳理了海洋生物产业创新平台、海洋医药产业创新平台和海洋船舶工业互联网平台三个案例；第四部分为政府实践篇，系统地研究了广东省、福建省、山东省及青岛市海洋经济区域发展的态势，提出问题并给出有针对性的意见和实践建议。

海洋经济是高质量发展战略要地，是我国经济社会发展不可或缺的组成部分和重要支柱，也是推动世界经济可持续发展的动力源泉。进入新时代，我们要加快构建开放型经济新体系，推动形成高水平全面开放新格局，海洋仍然是重要载体，海洋经济仍然是重要抓手，要加快海洋科技创新步伐，提高海洋资源开发能力，培育海洋产业创新平台，打造国际海洋中心城市。当前，我国海洋经济发展正在逐步从规模速度型发展转向高质量发展，本书旨在抛砖引玉，推动形成共识。由于时间仓促，如有纰漏错误之处，请读者加以批评并指正。

著者

2020 年 5 月

理论与现状篇

随着人类社会人口、资源、环境问题的日益尖锐，沿海国家纷纷把开发利用海洋资源提升到发展战略的高度，海洋经济正逐步成为推动世界经济发展的新生力量。海洋经济是以临港、涉海、海洋产业发达为特征，以科学开发海洋资源与保护生态环境为导向，以区域优势产业为特色，以经济、文化、社会生态协调发展为前提，形成具有较强综合竞争力的经济功能区。21世纪是海洋的世纪，海洋经济日益成为一个国家或地区发展的重要增长点。

1 发展海洋战略性新兴产业 促进高质量发展

2018 年 6 月 12 日，习近平总书记在青岛海洋科学与技术试点国家实验室考察时强调，发展海洋经济、海洋科研是推动我们强国战略很重要的一个方面，一定要抓好。关键的技术要靠我们自主来研发，海洋经济的发展前途无量。建设海洋强国，必须进一步关心海洋、认识海洋、经略海洋，加快海洋科技创新步伐。海洋经济、海洋科技将来是一个重要主攻方向，从陆域到海域都有我们未知的领域，有很大的潜力。

1.1 海洋产业推动海洋强国建设

我国是海洋大国，同时也是地球上人口最多的国家，海洋资源的合理探索与开发，是缓解生态退化、资源匮乏和人口激增等问题的必经之路。当前海洋经济的发展问题已从理论到实践，变成中国经济社会发展的重要增长点。海洋产业，尤其新兴产业，潜力巨大，市场广阔，以海洋高新科技成果产业化为核心内容的海洋产业符合新兴产业的特点。助力我国海洋产业的发展，对于我国海洋经济成长路径的转变，以及全面推动建设海洋强国具有重大意义。

1.1.1 海洋开发和海洋经济发展快速推进

20 世纪 60 年代以来，海岸带经济蓬勃发展，已成为沿海国家国民经济体系的重要构成部分。科技进步不断地拓展人们对海洋的认知，海洋蕴藏的巨大开发潜能不断被揭示，新一轮"蓝色圈地"运动正在兴起，争夺具有战略意义的岛屿、海区和战略通道，在深入开发利用传统海洋资源的同时，积极探索开发战略新资源和能源，实现全球海洋的战略利用，已成为世界强国的共识。随着世界进入后金融危机时代，全球科技也开始了新一轮的密集创新，以高新技术为基础的海洋战略性新兴产业成为全球经济复苏和竞争发展的战略重点。世界海洋大国正将科技创新作为抢占时代制高点的重要手段，大力拓展海洋经济发展空间，以求在满足发展基本需求的基础上实现可持续发展。可以预见，随着人类向深海大洋进军步伐的加快，世界海洋经济将呈现多层次、多方位、多内涵的立体化发展格局。

1.1.2 海洋战略性新兴产业成为新的经济增长点

以海洋生物制品、海洋医药、海洋装备等为基础的现代海洋战略性新兴产业，对解决人类社会发展面临的人口与健康、食物、能源、生态、环境等问题具有重大作用，海洋战略性新兴产业将成为未来全球经济社会发展的又一重要推动力。在当前形势下，世界大国纷纷在加快培育新的经济增长点，为金融危机之后重振经济做好准备，海洋战略性新兴产业作为当今世界最具生机和活力的产业，已成为许多国家的重要选择，迫切需要海洋战略性新兴产业公共服务平台为海洋经济的增长发展提供技术支持。

1.1.3 海洋战略性新兴产业整体处于发展前期

世界范围内，对海洋相关产业的研究正成为许多国家研究开发的重点，已进入规模化和产业化开发阶段。然而，目前各国海洋相关产业发展仍普遍处于起步阶段，尚未形成类似于传统技术由少数发达国家和跨国公司垄断的格局。据行业专家预计，海洋相关产业的形成阶段为1980—2000 年，成长阶段为 2000—2025 年，进入成熟阶段将在 2025 年以后。目前全球海洋相关产业整体处于发展前期，这为我国抢占海洋相关产业技术制高点，实现跨越式发展，在新一轮的革命浪潮中形成具有国际领先水平的新兴产业创造了良好的契机。

1.1.4 海洋科技发展日新月异

随着一系列国际大型海洋科学合作研究计划的实施，国际海洋科学迅猛发展，在海底扩张和板块构造、海底热液活动、厄尔尼诺和南方涛动、海洋碳及其对全球碳循环的贡献、极端环境生物、海洋生物多样性、海洋天然气水合物等重要研究领域取得了一大批重大原始创新成果。海洋技术成为世界沿海主要国家重点发展的高技术领域。各国不仅对海洋技术的研发投入不断加大，同时针对海洋环境的复杂性、海洋资源分布的立体性和多层次性等特点，强调综合集成和国际合作，推动了海洋技术加速创新进步，为海洋开发和海洋科学研究的发展提供了重要的手段和工具。国际海洋科技发展趋势是国家需求成为海洋科技发展的强大动力；多学科交叉融合进一步加强；海洋技术的创新和突破成为能力建设的制高点；注重全球或区域海洋立体观测网络建设；重大国际合作研究计划成为重要的组织模式。

1.2 如何认识海洋战略性新兴产业

海洋战略性新兴产业是在最近几年才被人们熟知的。现阶段，我国学者们在这方面的研究还处于起步阶段，没有建立完整的理论体系。海洋战略性新兴产业涉及许多其他概念，如海洋产业及海洋新兴产业等。海洋新兴产业以大规模开发海洋资源、大力发展海洋高新技术为背景，是一种新兴的海洋产业群体，顾名思义，海洋战略性新兴产业，其战略性主要体现在它所涉及的产业是关乎国家核心竞争力的重要产业，紧密联系国家安全，决定国家地位。这三个概念的包含关系如图 1-1 所示。

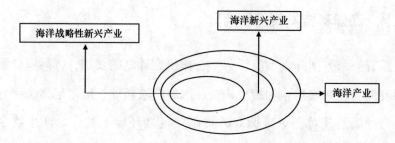

图 1-1　海洋战略性新兴产业与海洋产业、海洋新兴产业关系

1.2.1　概念界定

（1）海洋产业

在《中华人民共和国海洋行业标准海洋经济统计分类与代码》（HY/TO52-1999）中，对海洋产业的定义是人类对海洋、海岸带资源进行利用、开发而从事的生产和服务活动，是与海洋相关的人类经济活动。国家质检总局和国家标准化委员会于 2006 年 12 月发布的《海洋及

相关产业分类》中关于海洋产业的定义是保护、利用、开发海洋所进行的服务和生产活动。该标准对"海洋相关产业"的概念进行了界定，即可归纳总结为"以各种投入产出关系为交点，与海洋产业形成经济技术联系的产业"。

相关学者和官方对海洋产业的概念界定虽然各有不同，但都有一个基本的认识，那就是强调了海洋产业具有"涉海性"，即在供给与需求、投入与产出等方面，相关活动均与海洋有关。由有关国家标准所涉及的产业领域及海洋经济学术研究可知，海洋产业的外延十分宽泛，只要该产业在环节、要素方面与海洋相互关联，均会纳入研究范围。因此，本研究倾向于采纳《海洋及相关产业分类》中关于海洋产业的定义，即"开发、利用和保护海洋所进行的服务和生产活动"。

（2）海洋新兴产业

随着人类文明的不断发展和科学技术的持续进步，人们对海洋的认识也越来越深入，新的海洋资源不断被发掘，海洋资源的利用范围也越来越广泛，海洋新兴产业就是随之出现的一系列新兴产业门类，所谓新兴，是因为它代表了海洋经济发展的最新趋势和方向。海洋占了地表的一大部分，自古以来，人类的生活就离不开水。对于海洋的认识，可以追溯到人类史前文明时期，那个时候就已经有了海洋渔业、海洋船舶制造业和海洋交通运输业的雏形。在我国的周朝，人们就已经发现了海水中含有盐分，并开始大规模的生产。但是经过几千年的变迁，人们对于海洋的利用还是局限于渔业、盐业和交通运输业，产业类型较为单一。

时代的发展促进了海洋业的繁荣。20世纪60年代以来显现的全球性人口激增、资源短缺、环境污染等问题，使人们的目光从陆地转到了海洋；有了这种需求，各种新兴技术的出现，使这种需求变成了现实。如今，海洋产业里已经有了许多新面孔，如海水养殖业、海洋油气业、海洋工程建筑业等。进入 21 世纪以来，人类加大了对海洋的研发利用，不断增加的需求和科技的创新，使得海洋产业不断蓬勃发展，催生出一批海洋电力、海水利用、海洋生物医药等新兴产业，正在逐步形成规模化的生产体系。

快速性、持续性和系统性是当前海洋技术研发及产业化出现的特点和趋势，部分初具雏形的、尚未形成产业体系的产业都具有极大的战略价值，为了有效识别海洋战略性新兴产业，下面将处于持续快速发展中的、具有技术优势和市场潜力的、20 世纪 60 年代以来出现的海洋新兴产业作为主要研究对象，为下一步海洋战略性新兴产业的识别打基础。

近 50 年以来，一些传统海洋产业，如海洋船舶工业、海洋渔业等，也呈现出革新产业模式、实现技术升级的发展特点和趋势，在其内部呈现出部分与海洋新兴产业具有上述相似特征的研究领域。因此，我们也将其作为海洋新兴产业研究的一部分。

（3）海洋战略性新兴产业

海洋战略性新兴产业是指基于国家开发海洋资源的战略需求，以海洋高新技术发展为基础，具有高度产业关联和巨大发展潜力，对海洋经济发展起着导向作用的各种开发、利用和保护海洋的生产和服务活动[1]。

2010 年 9 月 8 日，国务院颁发了《国务院关于加快培育和发展战略性新兴产业的决定》，明确表示重大发展需求和重大技术突破是战略性新兴产业实现发展的基础，战略性新兴产业是引领带动经济社会长远发展的产业，而物质资源消耗少、知识技术密集、综合效益好、成长潜

---

[1] 韩立民. 中国海洋战略性新兴产业发展问题研究 [M]. 北京：经济科学出版社，2016.

力大是其重要的特点。近代以来，经济的不断发展，社会不断进步，发展到今天，再想通过一个单独产业的发展来实现整个经济体的发展已经不太可能实现了。21世纪，我国进入改革的深水区和攻坚阶段，经济的发展更多的要靠一个整体的产业来实现。基于我国现在处于社会主义初级阶段、当前的经济发展状况、科技创新能力和产业发展基础，新一代信息技术、生物、节能环保、新能源、高端装备制造、新能源汽车和新材料等是现阶段选择的战略性新兴产业门类。

1.2.2 内涵与特征

由于海洋高新技术产业所发挥的作用，它不仅促进了海洋经济的飞速发展，也对我国整个经济的可持续发展起到了促进作用。海洋高新技术产业，依托于高新科技发展，着力于高新技术产品开发，符合海洋战略性新兴产业的特征。

综合来看，海洋战略性新兴产业是以国家开发海洋资源的战略需求为起点，借助于海洋高新技术的发展，巨大的发展潜力及高度的产业关联是其重要的特点，具有导向作用的对海洋经济发展采取的一系列保护、利用及开发海洋资源的生产及服务活动。构成战略性新兴产业的一个重要部分便是海洋战略性新兴产业，但海洋战略性新兴产业又不仅仅是战略性新兴产业在海洋领域简单的、直线的延伸。海洋战略性新兴产业的发展一方面影响着战略性新兴产业的发展，另一方面直接关系着我国具有经济发展优势的东部沿海地区能否顺利实现经济结构转型及发展方式的转变。

海洋高新技术发明及产业化的产物之一就是海洋战略性新兴产业，且海洋战略性新兴产业是高新技术及陆域产业在海洋领域的延伸，使其具有广泛的涵盖范围，海洋战略性新兴产业的本质特征主要体现在以下几方面：

（1）全局性与关联性

我国海洋经济社会的发展很大程度上要依靠海洋战略性新兴产业的发展，因此，更是要慎重对其行业组成结构的选择，应站在国家战略发展的高度，将国家的长远发展作为重点考虑维度，而不应仅仅局限于某个或是某几个沿海地区。从某种程度上来说，海洋战略性新兴产业为我国产业结构调整和海洋经济发展方式转变提供了主要动力，有助于涉海就业问题的解决，有助于提高人民幸福指数和生活水平。此外，它还是产业价值链的核心环节，巨大的增值空间是其显著特点，对于前向、后向产业互动性好、关联系数高和资源互补性强是其在投入产出关系上的显著特点。

（2）导向性

因为其形成和发展中，高新科技创新起到了基础性作用，海洋战略性新兴产业是海洋高新技术产业的重要组成部分。相对于传统海洋产业来说，海洋战略性新兴产业并不过分依赖自然资源，但需要将大量智力资源投入海洋战略性新兴产业，此类资源投入可以推动技术创新，推进高新技术产品的产出，从而满足市场需求。在今后的 10～20 年，重点培育和发展海洋战略性新兴产业是我国海洋产业的任务和目标之一，巨大的可持续发展的潜力、低碳环保、资源消耗低等是其显著的优势，因此对促进经济的长远发展具有重要意义。规模经济性的不断增加是这种经济效益的显著表现形式，但这种经济效益同时也具有产品单位成本的递减效应，单位成本递减的定义是随着时间的推移，由于动态规模经济性的作用，它的长期平均费用曲线呈现逐步下降的趋势。

（3）高投入与高成长性

海洋环境具有特殊性，因此，需要借助相应的载体来进行开发海洋资源的一切工作，此外，各种系统保障措施亦要做好，从而相比陆上的同类工作，海洋资源的开发成本要高出许多。多种技术、多个学科交叉融合的结果催生了海洋战略性新兴产业的发展，亦是其显著特征之一，大量的资金需求是海洋产品开发所经历的每个阶段的特点，例如，中间放大实验、商品化等阶段。但其市场前景广阔，可以迅速转化创新成果，来满足日益增长的市场需求。海洋战略性新兴产业如果经过保护和扶植，度过产业形成期后，就能不断增强产业竞争力，不断提高消费者对其产品的认知程度，从而实现产业发展速度的较高增长。

（4）动态变化性

海洋新兴产业与新兴海洋科技的深度融合形成了海洋战略性新兴产业，对海洋战略性新兴产业显著影响的因素之一便是其技术演化规律。具体到每个国家，它的海洋战略性新兴产业不是固定的，发展环境等外生因素的变化和海洋科技的日益进步，都会使其涵盖范围发生变化。现在的海洋高新技术在以后可能逐渐成为传统技术，也就是说，时间的变化，科技的进步，会使现有的海洋战略性新兴产业实现有序更迭。

1.2.3 海洋战略性新兴产业与其他概念的联系和区别

（1）海洋高技术产业与海洋战略性新兴产业

海洋高技术产业其实就是海洋战略性新兴产业的本质，其发展过程和成果的产生都基于海洋高科技的发展，重点内容都是海洋高技术成果产业化。海洋高技术产业主要指依靠海洋装备制造技术、海洋服务技术、海洋开发技术、海洋探测技术、海洋新材料技术等发展起来的生产及服务行业，它囊括了多个海洋产业部门。海洋高技术产业与海洋战略性新兴产业的区别还在于，一些技术较为成熟但是非高成长性的产业门类亦被包含在其中。

（2）海洋主导产业与海洋战略性新兴产业

海洋主导产业是，在海洋经济发展的某一过程中，拥有广阔的市场前景，较强的技术进步能力，能够在海洋产业结构演变的趋势和方向上进行指引，对海洋经济发展的部分海洋产业有领航作用的门类。海洋战略性新兴产业与之具有许多相似之处，例如，高产业关联性和先进生产技术的广泛应用等。从时间发展维度来看，海洋主导产业在现期盈利水平、现期需求和现实发展规模上均超越了海洋战略性新兴产业，已不再是初创阶段，相比较来说，处于产业生命周期的形成或成长期的产业门类是海洋战略性新兴产业现阶段的显著特征，因此，也可以说海洋战略性新兴产业是以海洋主导产业为培育方向的。

1.2.4 战略性新兴产业发展的决定因素

参考产业成长的一般规律，综合考虑战略性新兴产业的特点，我们可以将以下条件作为推动战略性新兴产业快速发展的部分因素：自然资源、人才资源、需求条件、技术创新、资金支持、政府行为等。总体而言，以上因素可以分为外部因素和内部因素两大类。外部因素是指需求条件和政府行为；自然资源、人才资源、内部因素是指技术创新、资金支持。各个因素均影响产业的形成，同时各因素之间也有协同效应（图1-2）。

（1）需求条件

以需求为前提是任何产业的形成和发展都必须遵循的原则，国家战略需求与市场需求两个方面是战略性新兴产业需求所包含的内容。

国家战略需求属于集合性概念，主要表现为国家安全方面和发展方面的需求。而基于维护和获得国家利益的观点，国家战略还包括国家安全利益、国家发展利益、国家的国际地位等各方面。当前，判断世界经

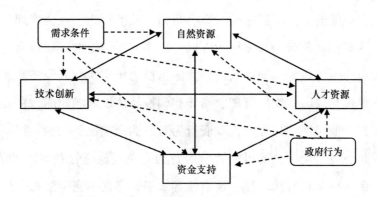

图1-2　决定战略性新兴产业发展的各个因素

济和科技发展水平的重要标准之一便是各个国家的战略性新兴产业发展，战略性新兴产业基于有效维护国家安全利益，同时强调保持国家的国际地位和实现国家发展利益。基于我国国家战略需求和技术进步，由近海发展到了远洋、由浅海发展到了深海是我国海洋资源开发当前呈现出的特点之一。例如，深海油气、南极磷虾等资源的开发利用，这些都促进了深海油气、远洋渔业等产业的发展。

　　只有在市场上有需求，才能使实验室研发的产品逐步产业化，只有产品都能从商品转变为货币，企业才能够积累资金，在生产过程中不断进步和发展，着力提高技术从而使得成本降低，最终实现利润的产生。因此，市场需求直接推动着战略性新兴产业的发展。市场需求可以依靠内部和外部两方面来拉动。但是发达国家试图重新划分国际生产分工的格局，从而牢牢控制经济增长制高点，基于这点考虑，依靠外部拉动市场需求似乎不太现实。因此，在我国战略性新兴产业的形成期与成长期，应主要依靠国内需求来实现，国内需求是促进其发展的重要动力。

　　（2）政府行为

　　政府执行各种职能过程的具体外化是政府行为的概念界定，主要指政府履行职能的具体实践活动。军事行为、政治行为、社会管理行为和经济行为等都是政府的具体行为方面。本研究所讨论的政府行为范围仅限于政府的经济行为，即指政府作为国家权力机构执行其经济职能的行为，主要包括政府组织、管理、指导和调控经济发展的职能。在促进战略性新兴产业发展的过程中，政府行为对它的影响是巨大的。第一，市场失灵是不可避免的，所以需要政府行为来调控战略性新兴产业发展。其次，市场调节具有滞后性、盲目性等缺陷，存在不完全信息、外部性风险和不确定性等因素，以上种种说明不能仅依靠市场机制来实现战略性新兴产业的良好发展。

此外，代表国家战略需求和公众利益是战略性新兴产业的显著特征之一。一般而言，明显的准公益性是战略性新兴产业呈现出的特点，因此，如果只依靠市场的资源配置功能，将不可避免地发生产业发育不充分和公益产品的供给不足的现象，因此在其产业形成期需要政府发挥规划引领作用，并制定相关政策扶持其发展。一个具体例子是，在海水淡化产业发展初期，由于生产工艺成本，淡化水价格明显高于自来水价格，因此制约了其规模化发展和广泛应用。这就需要政府对现行水价机制进行有效调整，此外还需要制定一系列优惠政策以实现海水淡化产业的健康快速发展。

（3）自然资源

自然资源的储量、分布、种类有其内在规律性，因此，遵循其分布规律是自然资源开发利用的首要前提，综合所处的区位条件，合理有序地组织各类自然资源开发活动。虽然战略性新兴产业比之传统产业来说对自然资源不具有太强的依赖性，但作为重点发展的产业门类，它也无可避免地需要直接或间接开发自然资源，自然资源应作为其形成与发展的保障。这就如同虽然节能环保与新能源产业对油气资源不依赖，但其亦离不开生物质能、风能、太阳能等其他自然资源；新能源汽车产业虽然不依赖油气资源，但对稀土、钒、铁、磷、锰等矿产资源依赖性较大；生物产业也需要药用动植物资源等加以有效利用。

海洋战略性新兴产业的发展当然也不能例外，它的形成与发展同样依赖于自然资源。海洋蕴藏着丰富的自然资源，支撑着人类的生存和发展。依据海洋的自身属性，海洋资源可具体分为以下三大类，即海洋能源、海洋空间资源、海洋物质资源。其中海洋物质资源还包括海洋生物资源、海水资源、海洋矿产资源。从以上对于海洋战略性新兴产业的分类可以看出，海洋战略性新兴产业对于海洋资源禀赋有一定程度上的依赖，例如，海洋高效渔业与海洋生物资源，海洋生物医药业、海洋电力业与海洋能源，海水利用业与海水资源都有着密不可分的联系。但同时也应该注意到，有一些海洋战略性新兴产业对海洋资源的依赖性并不强。如海洋工程装备制造业，与其他海洋战略性新兴产业相比较，它对于海洋资源的依赖性要低很多，部分海洋工程装备可以布局在内陆地区，如海水淡化装备及配件生产等，因此，对于海洋资源的依赖程度并不高。

（4）技术创新

高新技术企业是战略性新兴产业发展过程中的技术创新主体，迎合市场需求，目标是找到新的经济增长点、增强竞争力和提升企业经济效益，以其创新性思维和成功推向市场为基本特征的经济活动。技术创新又可以分为增长性的技术创新和根本性的技术创新。现存技术发展是增长性的技术创新的基础，增长性的技术创新是通过改进创新形成的技术。而根本性创新是新发展的理论和新技术运用，暂时还未有可参考的先例研究。因此，未来在对其进行运用的过程中更多的是不确定性和风险。技术创新具有技术的高集成性与高创新性，所以很大程度上推动了战略性新兴产业的发展。通过技术创新，战略性新兴产业能更好更深层次地利用自然资源，这是其区别于传统产业的一大特点，因此战略性新兴产业才能独树一帜，开辟了新的产业门类。根本性创新是战略性新兴产业技术创新的特点之一，新兴技术的交叉融合和适用性创新亦是其呈现的特点，而当前，这些新兴技术的范式还尚不清晰，多数还处在实验室阶段。

技术创新与产业成长的速度与过程具有同向性，图 1-3 所示是技术创新推动战略性新兴产业成长路径。高新技术企业在技术创新的条件下有效地满足了市场需求，促进了工艺创新与产品创新，使得新旧产品不断与新设备磨合适应，最终实现大规模生产。除此之外，高新技术企业也对相应的组织机构和组织革新起到了一定程度的促进作用，以此实现自身产能的扩大，促进产品产量的提高。消费者对该项产品的需求直接决定了厂商所进行生产要素的购买、生产活动的进行并从其中获得利润的程度，这种生产要素的需求被称为派生需求或引致需求。而引致需求说的是对二次技术创新的需求。

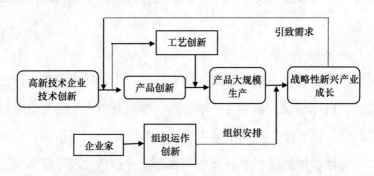

图 1-3　技术创新促进战略性新兴产业发展路径

(5) 资金支持

充裕的资金投入是任何产业发展壮大的必要条件。相对于传统产业而言，战略性新兴产业是高创新性、高成长性的新兴产业，在完整的产业链条中，即产品研发阶段—成果转化阶段—企业生产要素整合—产品批量生产，此链条中的每一个环节都离不开大量的资金支撑。因此，要想发展战略性新兴产业，就要有大规模资金支持作为保障性。大量的资本密集型产业组成了战略性新兴产业，其中最具代表性的是深海油气业，其投资的海洋石油钻井平台的海洋开发设施存在着投资回收期比较长、变现能力差等问题。战略性新兴产业对于资本的需求很大，其资本和劳动替代率较低，因此，高新技术企业会对设备、工艺需要进行深度研究和开发。

战略性新兴产业发展与成长过程中需要大量资金，但在不同的成长发展阶段，其需求特点的表现是不同的。企业创立初期，生产经营不稳定，发展前景不确定，企业资产以无形资产为主，缺少可供抵押的资产，在这一阶段，比较困难的是获得金融机构的支持，所以财务杠杆在企业筹资时并不能很好地发挥作用。在高新技术企业不断发展的过程中，资产规模不断增加，与此同时企业的生产和经营逐渐趋于稳定，企业经营风险越来越小，其信用资质亦能得到提升。高新技术企业会在企业发展需要大量资金量的各个阶段，综合考虑多种因素，鉴于各阶段发展的具体要求，对企业融资方法进行择优，从而达到资本结构的最优化。

（6）人才资源

人力资源中素质层次较高的被称为人才资源。人才资源是一种独特的资本性资源，能够实现自我增值，具有很大潜力。战略性新兴产业的发展主要依靠技术创新，人才资源推动着企业的技术创新。质量高、数量少是人才资源的显著特点。人才资源质量越高，高新技术诞生及产业化速度就快且效能就高，从而在一定程度上加快促进潜在的生产力转化为显性的生产力。新一代的各类战略性新兴产业，如信息技术、节能环保、新能源汽车、高端装备制造、生物等相对于传统产业而言，都属于智力密集型产业。因此，其劳动力结构相比传统企业而言，有较大的不同。实践中，判断某个行业是否是战略性新兴产业的重要参考指标之一就是科技人员比重，即研发人员占职工总数的比重。战略性新兴产业的人才资源包括那些高新技术企业的科研人员和企业家。企业家为了创新，需要重新组合生产要素，于是企业家们抓住机遇，根据市场的实际需求做出判断后，合理地对企业的各种资源进行有效配置，与此同时还加快企业技术创新的步伐，致力于在获得实际利润的同时，最大程度上获得潜在利润。企业的科学研究人员接受过专门的、较高层次的科研训练，因此，他们具备超强的研究能力和创新思维能力，他们更注重于意志、灵感、思维和大脑功能等意识形式的存在在其劳动过程中发挥出的作用，企业家最终实现要素的"新组合"，需要利用严谨的逻辑思维和较强的研究能力以及超强的创新意识来促进企业的技术创新。因此，新产品、新知识、新思想的创新是战略性新兴产业的企业家和科研人员主要采取的创新形式，组织安排等形式的改变在其基础上起到辅助的作用。

1.3 关于高质量发展的理念

2018 年国务院政府工作报告指出："按照高质量发展的要求，统筹推进'五位一体'总体布局和协调推进'四个全面'战略布局，坚持以供给侧结构性改革为主线，统筹推进稳增长、促改革、调结构、惠民生、防风险各项工作"；"上述主要预期目标，考虑了决胜全面建成小康社会需要，符合我国经济已由高速增长阶段转向高质量发展阶段实际"。

1.3.1 高质量发展适应经济发展新常态

经济新常态是强调"结构稳增长"的经济，而不是总量经济；着眼于经济结构的对称态及在对称态基础上的可持续发展，而不仅仅是国内生产总值（GDP）、人均 GDP 增长与经济规模最大化。经济新常态就是用增长促发展，用发展促增长。

要牢固树立正确的政绩观，不简单以 GDP 论英雄，不被短期经济指标的波动所左右，坚定不移实施创新驱动发展战略，主动担当、积极作为，推动我国经济在实现高质量发展上不断取得新进展。

1.3.2 高质量发展贯彻新发展理念

创新、协调、绿色、开放、共享的发展理念，是管全局、管根本、管长远的导向，具有战略性、纲领性、引领性。新发展理念，指明了"十三五"乃至更长时期我国的发展思路、发展方向和发展着力点，要深入理解、准确把握其科学内涵和实践要求。只有贯彻新发展理念才能增强发展动力，推动高质量发展。应该说，高质量发展，就是能够很好地满足人民日益增长的美好生活发展的需要，是体现新发展理念的发展。

1.3.3 高质量发展适应我国社会主要矛盾的变化

习近平总书记在党的十九大报告中指出：中国特色社会主义进入新时代，我国社会主要矛盾已经转化为人民日益增长的美好生活需要和不平衡不充分的发展之间的矛盾。不平衡不充分的发展就是发展质量不高的直接表现。更好满足人民日益增长的美好生活需要，必须推动高质量发展。我们要重视量的发展，但更要解决质的问题，在质的大幅度提升中实现量的有效增长，给人民群众带来更多的获得感、幸福感、安全感。

1.3.4 高质量发展助推现代化经济体系

现代化经济体系是紧扣新时代中国社会主要矛盾转化、落实中国特色社会主义经济建设布局的内在要求，是决胜全面建成小康社会、开启全面建设社会主义现代化国家新征程的基本途径。归根结底，就是要推动高质量发展。推动高质量发展是当前和今后一个时期确定发展思路、制定经济政策、实施宏观调控的根本要求。遵循这一根本要求，我们必须适应新时代、聚焦新目标、落实新部署，推动经济高质量发展，为全面建成小康社会、全面建成社会主义现代化强国奠定坚实物质基础。

1.4 以规划引导高质量发展

2013 年 7 月 30 日，在中共中央政治局关于建设海洋强国研究的集体学习会议上，习近平总书记对国家的海洋战略规划进行了全方位的指导和指示，提出要发展海洋科学技术，着力推动海洋科技向创新引领型转变。习近平总书记关于推动海洋科技向创新引领型转变的讲话从根本上肯定了海洋科技创新在海洋强国建设中的先导作用，海洋科技从根本上决定了海洋事业发展的成效。

2018 年 4 月 13 日，习近平总书记在庆祝海南省办经济特区 30 周年大会上提出，要发展海洋科技，加强深海科学技术研究，推进"智慧海洋"建设。培育和发展海洋战略性新兴产业,是我国立足于基本国情支持海洋经济高质量发展的重大战略决策。海洋战略性新兴产业首先表明了海洋领域科学技术创新的方向,其次也是海洋领域产业进步的指向标,能从基础上改善海洋经济的产业组成和改变海洋经济的传统成长路径,从而加快塑造与我国现时期的经济社会的发展相协调的海洋科技的创新水平。所以,立足于中国现状,加快探索海洋经济高质量发展成为理论和实践的重中之重。

1.4.1 攻克海洋经济科技制高点

党的十八大报告明确地提出:"自主创新是孵化和培育海洋战略性新兴产业的核心。"海洋战略性新兴产业的培育的主线应当是加强海洋科学技术的自主创新能力,在关键技术上不断突破,加速海洋技术的转化,以商业化、产业化模式推动关键技术的升级和创新,同时强化海洋科技的引入、消化、吸收以及此后的再创新的能力。提高关键科学技术的自主研发和创新是海洋战略性新兴产业发展的根本,开展关键技术的研发创新,进行产业转化,最终实现以创新促转化,以转化带动创新的良性循环。

1.4.2 增强海洋经济的竞争力

对沿海国家来说,海洋经济是国家兴衰发展的关键所在,发达的海洋经济能够提升一国的经济实力和综合国力。海洋战略性新兴产业在我国海洋未来的发展过程中起着举足轻重的作用,将明显带动我国的海洋经济的发展,将长期并显著影响我国的经济发展和综合国力。要加强科技创新,大力扶持海洋战略性新兴产业,提高我国海洋产业经济的实力和综合国力。

1.4.3　海洋经济可持续发展

我国虽然海岸线绵长，海域辽阔，但是由于我国长期以来实行的是粗放扩张型的海洋经济增长方式，海洋资源掠夺性开发、污染严重，因此实现海洋经济可持续发展势在必行。海洋战略性新兴产业是改善海洋经济增长的必经之路。海洋战略性新兴产业有着资源利用率高、污染小、环境友好的特点，能够有效改善我国海洋经济产业构成，促进我国海洋经济产业结构升级，实现我国海洋经济的可持续发展，为子孙后代留下一片碧海蓝天。

1.4.4　开拓海洋经济成长新空间

因为海洋战略性新兴产业发展空间巨大，将产生大量的就业机会。海洋战略性新兴产业具有较好的产业拉动作用，可以帮助新的海洋产业实现进步，开拓了海洋经济成长空间。能够发挥海洋经济的人才需求功能，促进海洋经济高质量发展。

2 借鉴产业政策国际经验
启示发展新航向

近年来，各国都已充分认识到了海洋产业在创造经济财富、创造就业岗位方面的巨大潜力，并将其提到了前所未有的战略高度。总结各国支持海洋产业发展的国际经验，对我国有着积极的借鉴意义。

2.1 他山之石

各国纷纷把海洋开发上升为国家战略，用现代科技勘察海洋空间，开发海洋资源，培育海洋新兴产业，抢占产业制高点。海洋开发方式已由传统单项开发向现代综合开发转变，开发海域从领海、毗邻区向专属经济区、公海推进，开发内容由低层次利用向精深加工领域拓展。

2.1.1 日本

在发展海洋经济的同时坚持可持续发展战略，重视海洋科技开发，加大海洋科技经费投入，同时推进海洋环境保护，开展海洋经济的国际合作与交流，形成了沿海旅游业、港口及海运业、海洋渔业、海洋油气业为支柱的海洋产业布局。日本的海洋经济发展有三个突出特点。

一是，海洋经济区域已经形成，并以大型港口城市为依托，以海洋技术进步、海洋产业高度化为先导，以拓宽经济腹地范围为基础的地区集群。并提出了"海洋开发区都市构想""知识集权创成事业"，由产业集群发展到地方集群，以海洋相关技术为先导、集中地方优势、开展适合本地特点的海洋开发。

二是，海洋开发向纵深发展，已形成近20种海洋产业，如沿海旅游、港口及运输业、海洋渔业、船舶修造业、海底通讯电缆制造与铺设、海水淡化等，构筑起新型的海洋产业体系。

三是，海洋相关经济活动急剧扩大形成了包括科技、教育、环保、公共服务等的海洋经济发展支撑体系。日本政府根据2007年施行的《海洋基本法》规定，于2008年2月8日出台了《海洋基本计划草案》，细化了法的理念内容，列出了为实施海洋政策政府应采取的综合而规范的措施，并提出了为切实推进海洋政策的必要措施，将日本海洋经济发展的规划通过法律形式规范化。

2.1.2　挪威

挪威海洋经济发展的成功经验有：① 渔业法制以及其他相关海洋经济监管体系完善；② 建立众多具有针对性的海洋经济研究所；③ 积极参加国际海洋经济开发合作，积极开拓国际市场以及注重海洋技术的研发；④ 拥有良好的私营企业投资系统，通过一定的激励政策，鼓励私营企业投资国有企业的海洋技术开发项目，为研究开发注入新的生命以及监督媒介，同时一定程度上减轻了国家的研发经费负担；⑤ 灵活的研究机制，注重科研成果的商业化和技术转让；⑥ 海洋经济开发的同时注重海洋环境保护。

2.1.3 英国

在海洋的开发管理中，英国根据其管理和开发的不同类型，将具体工作分配给能源部、工业部、国防部、环境部、科技教育部、工程和物理研究委员会及自然环境委员会等部门来协调管理，成立了海洋科技协调委员会，负责协调各部门和企业公司之间以及和研究机构之间的关系。

在行政上对海洋资源实施行政许可证的管理模式。对于任何形式的海洋资源开发利用都需要同时取得政府发放的允许开发许可证和作为产权所有者发放的有偿租赁许可证，并严格按照许可证规定的开发项目及期限进行。

在立法管理上，采用分门别类的法规系统限定海洋开发行为，包括了涉及 200 海里专属经济区的海洋权益法规、国会颁布的涉足海岸带资源开发利用的有关法规、地方性法规以及政府各部委发布的法规章程 4 种类型。英国政府在海洋资源的开发利用过程中也十分注重对海洋资源的保护，为了保护海岸带水域环境和生物资源以及海岸带土地资源，实施了区划管理政策。

在海洋高技术研发方面，制订了海洋科技预测计划、成立海洋科技协调委员会，改组研究机构，建立政府、科研机构和产业部门三位一体的联合开发体制，采取增加科技经费的投入等措施。

2.1.4 澳大利亚

澳大利亚 1977 年提出了实施《海洋产业发展战略》，主要内容如下。

一是，改变政府以及国民认识，强调海洋经济发展的重要性，倡导本国海洋经济发展要参与到全球海洋科学发展过程中，并拟定《21世纪海洋科学技术发展计划》。

二是，改变原有单一的海洋产业管理模式，实现海洋产业发展的综合管理，该模式要求海洋产业相关部门了解政策和职责，各部门要相互协调和合作，不同部门的建议和决策要有透明度，政策的制定和执行要协商、平等、公开，同时注重政策实施的效果，对海洋产业的法规性控制重点应放在企业行动是否达到了政策要求的结果上，而不是实施的过程。

三是，坚持走可持续发展道路，注重海洋环境的保护，该国政府指出海洋产业的最佳发展是以海洋环境综合、多用途和合理使用。

四是，在传统的海洋产业发展壮大的基础上，该国政府特别重视海洋科学技术的研究和发展，拟定了《澳大利亚海洋科学与技术计划》，坚持海洋新产业的开发研究，比如海洋生物技术和化学品，海底矿产、海洋再生能源如波能、热梯度能，海水淡化等。

2.1.5 美国

美国拥有丰富的海洋生物资源，其渔业资源占世界渔业资源总量的20%，美国政府先后出台了一系列海洋发展战略规划，尤其在充分吸收海洋科技界、管理界和产业界以及其他社会各界对美国海洋经济发展的意见、观点后，于2007年发布《规划美国今后十年海洋科学事业：海洋研究优先计划和实施战略》。

美国海洋经济发展尤其注重海洋技术的开发和研究，据相关报道，美国政府现有研究与开发实验室700多个，政府每年投资达到270亿美元；政府针对不同的海洋发展项目重点，有针对性的投资建设一批科学研究机构，并以不同区域的海洋资源为依托兴办了不同形式的海洋科技园区。

美国政府采取了一系列措施加速海洋产业研究成果的商品化过程，注重和私营企业主合作，将海洋经济发展一切可调动的因素联系到一起，保证了开发推广的资源、资金、服务和市场。通过建立完善的海洋产业技术转让机制，提高了科研成果上市的速度，也为陆地产业涉海创造了条件。美国政府还制定了一系列海洋经济发展的标准，力求在保护海洋环境的前提下实现海洋经济的可持续发展。

2.1.6 加拿大

加拿大在 1987—1988 年制订了一个长期的海洋科学计划，投入大量资金，力求实现繁荣昌盛的海洋工业。21 世纪又制定了以可持续开发、综合管理、预防为三大原则，将现行的各种各样的海洋管理方法改为相互配合的综合管理方法；促进海洋管理和研究机构相互协作，加强各机构的责任和运营能力；保护好海洋环境，最大限度地利用海洋经济的潜能，确保海洋的可持续开发为四大目标的海洋战略，力争使加拿大在海洋管理和海洋环境保护方面处于世界领先地位。为实现这些目标，制定了包括加深对海洋的研究、保护海洋生物多样性，加强对海洋环境的保护、加强对海洋的综合规划的具体措施，尤其是海洋环境保护方面，制定了海洋水质标准和海洋环境污染界限标准，并采取对石油等有害物质流入的预防措施。该国于 1868 年就制定颁布第一部《渔业法》，1869 年通过《沿海渔业保护法》，1997 年颁布《海洋法》，成为世界上第一个进行综合性海洋立法的国家。成立于 1979 年的海洋渔业部以及以后成立的海洋事务机构委员会与其下属机构相互协作、权责明确，工作的整体性和效率很高。在实施海洋开发和管理过程中非常注重生态和环境保护，并将工作重点放在预防上，尤其对生态环境和动植物的保护，通过执法机构宣传教育，提高公众法律意识和参与意识。

2.2 透视大国产业发展

2.2.1 美国海洋战略性新兴产业发展规划指导

20 世纪 50 年代以来，在海洋战略性新兴产业方面，美国发布了众多的战略规划政策以促进其发展。1966 年，美国国会通过了《海洋资源与工程开发法》，要求对美国的海洋问题进行全面审议。1999 年，美国成立国家海洋经济计划国家咨询委员会，启动实施《国家经济计划》（NOEP），提供最新的海洋经济及海岸经济信息，并预测海洋经济发展趋势。2000 年，美国国会通过了《海洋法令》，提出制定新的国家海洋政策的原则，促进对海洋资源的可持续利用；保护海洋环境、防止海洋污染，提高人类对海洋环境的了解；加大技术投资、促进能源开发等，以确保美国在国际事务中的领导地位。2004 年，海洋政策委员会正式提交了名为《21 世纪海洋蓝图》的国家海洋政策报告。随后，美国公布《美国海洋行动计划》，提出了具体的落实措施。

20 世纪 90 年代，《海洋在 1990 年：科学界和联邦政府确定新的伙伴关系》《1995—2005 年海洋发展战略计划》相继出台，两份文件表明美国继续巩固在海洋科学和技术方面的领导地位，专注于积极发展海洋高新技术产业的前景，不断提高海洋科学和技术的科技含量。

在奥巴马政府当政时期，美国提出建立海事政策工作组，此工作组的重要任务便是促进沿海海洋经济的增长。此外，美国国家海洋和大气管理局的私营部门共同成立了一个国际事务办公室，这是两个部门为了建立一个全面的海洋观测系统所表现出来的合作形式，此办公室的主要任务是进行信息的收集和传输，提高所搜集信息的利用率，实现有用信息的高效利用，增加海洋资源和可再生能源的使用，以实现促进经济发展和环境保护的目标。在 2010 年年度的预算中，奥巴马号召发展可再生能源，美国政府在可再生能源方面的投资翻了一倍。此外，为了加强能源相关的服务，并提供数据和服务给相关的州和联邦合作伙伴，2011年 1 月，奥巴马政府发表了一份 56 亿美元分配研究海洋经济发展和气候问题的预算。纵观美国海洋经济政策的变迁过程，政府在其间起到了主导型作用。

2.2.2 日本海洋战略性新兴产业发展指导规划

从古至今，日本当政者均重视海洋产业的开发和发展，尽管海洋开发成本正呈现逐年增加的趋势，但是日本政府每年均会在海洋科学和技术研究与发展方面继续增加投入，以此来促进海洋产业的发展。

1990 年引入了《基本思想和海洋发展政策促进长期前景》，以科技创新为海洋开发和研究的原则，海洋高新技术产业领域发展，努力促进科学和技术，提高海洋科学水平视角技术。1997 年出台《日本海洋发展推广计划》和《海洋科学和技术发展规划》政策，在此基础研究和应用研究工作基础上，以全球视野为日本海洋产业的快速发展打下了基础。进入 21 世纪，《五年计划为西太平洋深海研究》在日本实施并取得了显著效果。2007 年 4 月，日本众议院的代表通过了《法律草案开发海上结构物安全的水域》《海洋基本法》。2008 年 2 月日本出台的《基本计划草案海洋》是基于此前出台的《海洋基本法》，此法案提出：应保持和加强国际竞争力。通过引入新的高端技术，海洋行业专业人士和其他方式发展；在利用海洋资源和空间创造新的海洋产业的基础上，把握住海洋战略性新兴产业发展趋势。

2.2.3　其他国家海洋战略性新兴产业发展战略规划

关于海洋高新技术产业的发展，各个国家都在一定程度上表现出重视，法国、澳大利亚、英国和加拿大取得显著成果。

从 20 世纪 70 年代开始，法国开始发展海洋生物技术、海洋生物资源开发、深海采矿技术、海底探测技术等。为了实现海洋科技创新的目标，在法国《1991—1995 战略计划》中制订了从 1996—2000 年的海洋科学和技术的发展战略计划。《法国海洋科学和技术战略计划》也针对海洋可再生能源产业以及海洋生物技术产业的发展需要进行了更新层次的战略阐述。

澳大利亚提出的在 1997 年实现《海洋产业发展战略》，全面促进海洋产业的健康、快速发展，特别注意海洋高科技产业的发展，综合利用尖端技术和海水淡化技术，推动发展海洋高新技术高端产业。海洋可再生能源技术、深海勘探技术等获得政府政策的优惠与支持力度，体现了其在提高海洋竞争力的方面始终保持着一个重要的地位。20 世纪 90 年代末，澳大利亚在促进海洋产业发展上做出了重大的政策支持，1998 年，《澳大利亚的海洋政策》和《澳大利亚海洋科学和技术项目》两项政策，在澳大利亚相继出台；2003 年澳大利亚政府倡导并建立了海洋管理委员会，这一委员会的成立主要是为了扩大澳大利亚海洋产业的国际竞争力以及实现澳大利亚海洋生态可持续发展的目标。该委员会成立之初，为实现其目标便和澳大利亚海洋产业科学理事会（AMISC）进行合作，针对海洋产业存在的重要问题进行梳理和讨论，并在此基础上提出了针对于小规模海洋产业的全面发展以及海洋生态的可持续发展理念。

英国于 2011 年出台了首个海洋产业发展战略，该规划提出英国海洋产业的未来前进方向：① 加强海洋产业相关部门的协调，形成合力，促进海洋产业发展；② 抓住出口良机，充分发挥英国海洋产品和技术的优势，促进海洋产品和技术出口；③ 选择海洋产业、技术的发展重点，制定海洋产业发展路线图；④ 瞄准海洋产业未来发展趋势，积极研究海洋产业发展所需要的海洋新技术和新工艺，制定海洋技术发展路线图；⑤ 积极研究开发海洋清洁能源；⑥ 研究现有法规体系和制度，积极寻找机会，规避风险。英国将对海洋产业相关科学技术加大投入，为推动海洋产业全面发展提供技术支撑。

2005 年，加拿大政府制订《海洋行动计划》，此项政策主要是强调了国际海事领导下，海上主权和安全，促进海洋综合管理系统的可持续发展和关键领域的健康发展。海洋科学和技术主要通过海洋产业的发展路线图，确定加拿大海洋技术的发展前景，充分利用国家海洋科技创新的潜力，建立支持海洋科学和技术示范平台，促进加拿大海洋科技创新和突破。

2.3 国际经验借鉴与启示

2.3.1 政府在国家科技进步和实施赶超战略中发挥着极其重要的作用

（1）政府在国家科技进步中的作用不可或缺

如前所述，在历次科技革命中，国家的引导和支持都发挥了巨大的促进作用。国家从宏观和微观不同层次加强对经济生活的调控和引导，成为刺激科技革命爆发、推动科技革命发展、引导科技革命方向的宏大外力和必要条件。特别是第二次世界大战之后，这种深刻干预更演进为各国政府普遍采用的全面、系统、永久性的行为。

在后发国家实施赶超战略时，全面战略的制定不可能由某个产业、部门或企业完成，而应是一个国家的政府立足于本国国情，充分考虑本国经济发展水平、市场化程度、技术能力、政府财政和管理能力等因素统筹制定。

（2）必须强化政府在海洋战略性新兴产业布局中的引领作用

发展海洋战略性新兴产业，必须发挥国家和政府实施干预"有形之手"作用，做好引导规范发展工作，确定技术路线和扶持政策。同时，也要发挥市场"无形之手"作用，对已经明确的海洋战略性新兴产业项目，从实际出发，按照科学技术要求和市场规律，采取招投标的办法，确定国家扶持的行业和领域，实施市场配置。

（3）我国要加大国家对重点产业的支持力度

加大基础研究投入，对重要基础理论和基础技术进行研究，由国家科研基金统筹，提供资金保障；加大技术研究投入，扶持对重点产业核心技术和关键技术攻关的资金支持。在国家科研经费方面，加强支持经费的整合，避免资金分散。

为战略性新兴产业提供税收支撑，实行差别税率政策。为激发地方政府积极性，可以按地属关系明确税收所得，产业产生的税收可以由地方政府分享。对产业相关企业的出口实行退税政策，对企业研发经费实行税前列支。建立海洋战略性新兴产业风险投资基金，对产业发展提供资金支持。

在推进工业园区建设方面，加大对工业园区财政扶持力度，制定支持园区及产业集群发展的优惠措施，向发展产业集群和建立特色工业园区的布局规划、土地使用、税费减免、信贷支持、资金引导等方面进行倾斜。加大园区招商引资力度，增强招商意识，创新招商引资方式，建立多渠道，宽领域，全方位的招商网络体系，做深做细做实招商工作，以引进龙头型企业为带动，促进产业聚集和产业集群的形成。

2.3.2 政府扶持海洋战略性新兴产业的发展应明确重点和方向

在全球气候变暖和能源危机的形势下，清洁能源技术被认为是下一轮技术革命的突破口，新能源产业作为发展的重点，被摆在了新兴产业的首要位置。如奥巴马提出领导世界创造新的清洁能源的国家，将是在21世纪引领世界经济发展的国家，计划通过设计、制造和推广新的、切实可行的"绿色产品"来恢复美国的工业，以培育一个超过二三十万亿美元价值的新能源大产业；欧盟在发展低碳产业问题上，不仅提出的口号最响，行动也走在了其他国家和地区之前；巴西在新能源领域也走在了世界前列，已成为全球第二大乙醇燃料生产国和第一大出口国，并在此基础上继续推进新能源产业发展。

（1）以发展规划为指导，促进产业集聚发展

以发展规划为指导，一是优化产业布局。按照国内新兴产业的总体特点，按照自身的资源优势、人才优势、区位优势，突出一些产业，集聚一些产业，分流一些产业，弱化一些产业，在更大范围内实现资源配置的最优，同时提升集中、集聚和集约发展的水平。二是强化规划的指导作用。严把项目引进和审批环节，注重现有优势资源的整合和叠加，实现产业链有序衔接和资源合理配置及有效利用，制止重复引进和无序发展。三是发挥政策和产业优势。围绕产业和技术瓶颈，强化招商引资工作，主攻发展优势明显的地区，着力引进关键型、龙头型、补链型的企业和项目，促进产业链拉长增粗，提高产业关联度。四是加快构建现代产业体系。进一步促进信息化与工业化相融合，优先发展现代服务业，加快发展先进制造业，大力发展高技术产业，改造提升优势传统产

业，积极发展现代农业，建设以现代服务业和先进制造业双轮驱动的主体产业群，形成产业结构高级化，产业发展集聚化，产业竞争力高端化的现代产业体系。

（2）重视科技的引领作用

海洋战略性新兴产业的发展，离不开科技的引领作用。我们应以科技创新为核心，紧抓高新技术企业的培育工作，鼓励企业强化制度创新、组织创新、技术创新、管理创新和文化创新。建立现代企业制度，创新企业管理模式，通过引导企业加大科技投入，引进科技人才，深化科技合作，实现科技含量和创新能力的提高。同时推进企业技术研发中心的建设，鼓励科技型企业和龙头企业独立或联合高校、科研院所建立技术研发中心，建成一批有规模，高层次的企业技术研发平台。

（3）坚持以自主知识产权为主的发展模式

国际的经验告诉我们，要发展海洋战略性新兴产业，把产业规模和市场份额做到世界第一位，就必须要有世界一流的技术。要掌握产业领域的关键核心技术，既要吸收世界先进技术成果，更要增强企业自主创新能力。尤其要加快建立健全以企业创新为主体的全社会创新驱动机制，围绕影响产业跨越发展的关键核心技术，打造由政府主导的创新服务平台，形成核心企业与相关行业、科研机构、高校及客户协同创新的合力。

2.3.3 支持海洋战略性新兴产业发展有良好的法律基础和政府规划

由于对海洋战略性新兴产业投资具有一定的风险性，产业发展面临着各种各样的不确定性，必须由政府出面，加大支持力度，引导整个社会投入新兴产业领域。发展海洋战略性新兴产业，必须高度重视原始创新。大学、科研院所、重点企业应加强基础研究工作，注重知识原始积累，在关键技术上自主创新，避免受制于人。要注重集成创新，引进消化吸收再创新的方式。在后金融危机时代，并购国际企业是实现关键技术向我国转移的重要途径。国家应当转变外汇储备使用方向，加大对我国有实力企业的注资，推动国际并购，通过兼并、收购、买断等方法，形成集聚效应，使国外先进技术为我所用。

2.3.4 相关政策体系完整，工具齐全

（1）支持海洋战略性新兴产业发展的政策要形成完整的体系

从各国的实践看，各国政府都制定了一系列的政策措施，采用多种多样的形式，鼓励海洋战略性新兴产业的发展。

各国政府相关的政策体系通常包括四部分内容：一是行政手段，包括颁布的禁令或强制性要求，其本质是强制性的，控制方法可以是数量性的（排放条件、限制价格等）或技术性的。这类措施主要包括法律、规章。二是经济手段，即我们所说的环境经济工具，它会影响相关各方所做选择的成本和收益，包括税费、可交易排污许可或认证、抵押存款及各种各样的补助和补贴。三是信息与宣传，这能够带来行为和态度上的变化，但不同于管制和经济手段，因为它对接受者并不是强制性的，也不对其产生任何经济压力，可能引起的变化则是自愿的。四是研究以及开发和示范，这类措施可以说是一种长期的政策措施形式。

（2）注重以市场化为基础的政策运用

虽然在海洋战略性新兴产业的发展中离不开政府的支持和引导，但这个产业的发展最终离不开市场的壮大。因此，各国政府在促进海洋战略性新兴产业发展的过程中，非常注重以市场化为基础的政策运用。

在关键技术研发方面，一些国家的政府十分重视与私营部门合作，

以推进新技术产业化。通常，这类技术是以政府部门先期投入为引导，而后产业界和企业跟进，实现技术产业化和商业化。在这一过程中，公私部门合作尤为关键。在出台激励、引导海洋战略性新兴产业发展的公共政策措施方面，各国政府也都以"市场化手段"为主，即主要通过采取各种财税激励、能源标识、引入排放权交易等市场规制措施，鼓励市场主体参与相关领域的投资。政府公共政策的恰当引导，能使以追求利润最大化为动机的企业，把发展海洋战略性新兴产业作为其"理性选择"。

（3）充分发挥平台的作用

各国政府部门还积极开展有关的宣传、教育和培训，引导公众意识，使公众普遍接受对环境、资源有益的新技术，这对海洋战略性新兴产业的发展，起到了非常重要的作用。公众的认可、认同及对相关产品的最终消费，是发展海洋战略性新兴产业技术和产业的强大动力。

各国经验表明，信息传播与其他支持政策、措施结合运用，往往能收到更好的效果。政府部门详细披露有关法规、政策、规划、项目、鼓励措施、申请渠道等信息，可以帮助公众、企业、投资者充分掌握政策动向，有助于引导市场主体的行为，降低其投资的盲目性和风险。

一些国家的政府部门和研究机构还就相关研究成果、基础数据资料建立公共平台，这样，可以实现全社会的信息共享，对于宏观政府决策、规划制定及微观企业决策，都提供了重要的信息资源。

2.3.5 支持海洋战略性新兴产业发展的财税措施内容丰富，作用显著

新兴产业发展需要政府给予全方位支持，各项政策措施之间互相配合和协调，以形成一个完整的支撑体系。

（1）财税政策内容丰富，工具组合灵活多样

财税政策作为经济手段的重要组成部分，遵循"基于市场"的原则，通过改变经济当事人的成本、效益，达到预期政策目标。各国实施的财政政策从大的方面包括五类，有税收及税收优惠政策、预算投入、财政补贴、融资支持、政府采购，具体形式包括：税收减免、财政资助、政府采购、投资补贴、无息贴息贷款、奖励等。各国在政策工具组合上灵活多样。

（2）财政政策的作用初步显现

实践表明，各国为促进新兴产业发展而采取的各项财政政策效果显著，不仅有效带动了新技术的研发、推广和相关领域的投资，还促进了相关领域产业化及新市场的建立，并产生了一系列显著的经济、环境和社会效益。

（3）加大市场推广支持力度，引导社会资金流入海洋战略性新兴产业

财税政策的作用还体现在它对社会资金和市场行为的引导上。对于国家评估认可的科研成果，提供用地、贴息、税收、市场推广等相应的政策，支持其产业化，建立财政资金优先采购自主创新产品的制度，在同等条件下优先使用自主创新产品和技术。

同时，应设立风险投资体系，鼓励海洋战略性新兴产业相关企业上市融资。对创业板变"审批制"为"登记制"，只要符合规定，就可以允许上市。银行对海洋战略性新兴产业相关企业提供贷款支持，实行差别利率政策，相关企业的贷款利率可以低于其他企业的利率。充分借助风险投资、银行贷款、融资上市等多种金融手段刺激产业发展。

此外，我们应把知识产权的保护作为基本国策，简化知识产权纠纷案件处理程序，为知识产权所有人维护权益提供便利，在法律法规上加

大对侵犯知识产权行为的惩罚力度，保护企业、个人的创新成果和经济利益，明确专利转化为生产力的利益分配，明确专利发明人的报酬和技术入股的规则，引导社会形成尊重他人知识成果、尊重他人的创造力的氛围。

政策体系篇

3 把脉现状与问题
厘清发展思路

改革开放 40 年来，海洋经济显示出蓬勃发展的态势。近年来，环渤海、长江三角洲和珠江三角洲 3 个经济区充分发挥引领作用，结合落实国家关于沿海区域发展的部署，促进我国北部、东部和南部三个海洋经济圈的形成。

3.1 海洋产业成就斐然

近年来，我国海洋经济发展迅速，并已经初具规模，已在开发深海战略资源方面取得了令人信服的成绩。海洋经济"引擎"作用不断增强。我国海洋经济布局进一步优化，北部、东部和南部三个海洋经济圈已基本形成。北部海洋经济圈由辽东半岛、渤海湾和山东半岛沿岸及海域组成；东部海洋经济圈由江苏、上海、浙江沿岸及海域组成；南部海洋经济圈由福建、珠江口及两翼北部湾海岛沿岸及上海域组成。根据各自的资源禀赋和发展潜力，三大经济圈在定位和产业发展上有所区别。北部海洋经济圈海洋经济发展基础雄厚，海洋科研教育优势突出，是北方地区对外开放的重要平台。东部海洋经济圈港口航运体系完善，海洋经济外向型程度高，是"一带一路"建设与长江经济带发展战略的交汇区域。南部海洋经济圈海域辽阔、资源丰富、战略地位突出，是我国保护开发南海资源、维护国家海洋权益的重要基地。

沿海各地根据自身区位优势和特点，发展出形式多样的产业集群。如胶东半岛的海水养殖和海产品精深加工产业集群，舟山、福州等地的远洋渔业产业集群，天津、青岛等地的海水淡化及综合利用产业集群，环渤海、长三角、珠三角的海洋工程装备制造业集群和涉海金融服务业集群等。

3.2 海洋政策促进海洋经济

一直以来，党和国家领导人重视海洋的重要战略地位，公布了一系列重要政策。

3.2.1 制定了《中国 21 世纪议程》

中国政府根据 1992 年联合国环境与发展大会的精神，制定了《中国 21 世纪议程》，确立了中国未来发展的可持续发展战略。为在海洋领域更好地贯彻《中国 21 世纪议程》精神，促进海洋的可持续开发利用，国家海洋局于 1996 年 5 月编制了《中国海洋 21 世纪议程》。

3.2.2 公布了《国家海洋事业发展规划纲要》

2008 年 2 月 7 日，国务院公布了《国家海洋事业发展规划纲要》。这份纲要从机遇与挑战、指导思想、基本原则、发展目标，海洋资源的可持续利用，海洋环境和生态保护，海洋经济的统筹协调，海洋公益服务，海洋执法与权益维护，国际海洋事务，海洋科技与教育，实施规划的措施等方面，系统规划了我国在 2006—2010 年发展海洋事业的目标，具有重要的指导意义。

3.2.3　提出《全国科技兴海规划纲要（2008—2015 年）》

国家高度重视海洋科技发展，海洋科技已成为我国中长期科技发展规划的重要领域之一，《全国科技兴海规划纲要（2008—2015年）》提出要依靠科技进步促进海洋经济发展。近年来，先后有 20 多项海洋基础研究项目列入"国家重点基础研究计划"（"973"计划），在近海环流、海洋生态系统、海水养殖病害、海气相互作用、油气及天然气等领域获得了一大批高水平成果。通过"国家高技术研究发展计划"（"863"计划）、国家科技支撑计划和海洋公益性行业科研专项等的实施，我国在海洋环境监测技术、近海油气开发技术、大洋矿产资源勘探技术装备、海洋生物技术等领域取得了一批有知识产权的重大创新成果，推动了海洋科技和海洋经济的发展。我国积极参与综合大洋钻探、全球海洋生态动力学、全球海洋观测系统计划等重大国际海洋科技合作项目，并做出了自己的贡献，在国际海洋事务中的影响力日益提升。

3.2.4　海洋强国战略的提出与发展

党的十八大报告首次完整提出了建设海洋强国的战略布署。其指出，我国"应提高海洋资源开发能力，发展海洋经济，保护生态环境，坚决维护国家海洋权益，建设海洋强国"。这是建设海洋强国的重要内容和基本要求。

同时，习近平总书记在主持中共中央政治局就建设海洋强国研究进行第八次集体学习时（2013 年 7 月 30 日）强调了建设海洋强国的基本要求，海洋强国战略内容得到发展，即"四个转变"。具体为：要提高资源开发能力，着力推动海洋经济向质量效益型转变；要保护生态环境，着力推动海洋开发方式向循环利用型转变；要发展海洋科学技术，着力推动海洋科技向创新引领型转变；要维护国家海洋权益，着力推动海洋权益向统筹兼顾型转变。

我国对海洋强国战略的深化，体现在党的十九大报告中。报告指出，我国"要坚持陆海统筹，加快建设海洋强国；要以'一带一路'建设为重点，形成陆海内外联动、东西双向互济的开放格局"。报告提出了加快建设海洋强国的目标，并突出了推进其过程中应坚持的原则和重点以及方向。所以，我国海洋强国的战略目标在党的十九大报告中得到深化，成为加快推进中国海洋强国战略的重要指导方针和政策选择。

3.2.5 "一带一路"倡议的提出与丰富实践

中国国家主席习近平分别于 2013 年 9 月和 2013 年 10 月在访问哈萨克斯坦和印度尼西亚时发表的演讲中，提出了"共建丝绸之路经济带"和"21 世纪海上丝绸之路"（简称"一带一路"）的倡议。

"一带一路"倡议是在当前国际局势出现大变动大调整的背景下，依托我国改革开放以来取得的成就和经验，为发挥我国多重身份和作用，以使国际及区域的发展进一步融合和提升为目标，是我国改革开放的新发展、新模式，即"一带一路"倡议是中国改革开放的升级版。"一带一路"倡议得到国际社会的积极响应并取得良好的实践效果，得益于我国党和政府对"一带一路"倡议的不断丰富和完善，包括国家领导人在重要场合的讲话，以及发布重要文件的平台的设立。

对"一带一路"倡议深化的平台，主要为：亚洲基础设施投资银行、丝路基金、"一带一路"建设工作领导小组、"一带一路"国际合作高峰论坛、"一带一路"新闻合作联盟和"一带一路"智库合作联盟，以及中国国际进口博览会等。

3.3 化挑战为机遇

中国在海洋战略性新兴产业方面已经取得很大程度的进步，但在迅速的成长基础上要实现质的改变，仍然还面临着诸多的制约因素。随着我国不断进步的海洋科技，海洋战略性新兴产业，如海水利用业、海洋可再生能源发电业、海洋生物医药业等产业快速成长，成长势头正盛，在深海资源利用、海洋装备制造业方面也取得长足的进步。然而，国内海洋战略性新兴产业的成长根基相对单薄，成长规模很小。此外，从产业成长周期的角度看，中国的海洋战略性新兴产业仍属于成长初级阶段，缺乏配套的管控制度和全局规划。我国尚无国家层面的总体发展规划，该产业的发展方向尚未明确；详细的产业成长指导建议和产业扶持政策尚未提出。国家层面的产业成长指导建议以及全局成长规划的缺位造成产业成长杂然无序，相关的法律法规难以起草制定，最终导致未建立健全配套的法律法规。

3.3.1 政策法规不健全

在世界范围内，政策法规的健全是海洋经济发达与否的关键性因素。虽然国内已启动了海洋战略性新兴产业规划探索工作，并出台了一系列的扶持政策，但是从海洋战略性新兴产业的基本情况来看，现有的扶持政策还存在很大的缺陷和不足，这就束缚了海洋战略性新兴产业的成长。目前，我国出台的海洋新兴产业规划政策体系完整性不足，操作性差，扶持政策的激励力度明显不够，且相关政策之间缺乏协调，不能够形成合力，甚至产生矛盾，远未形成有利于海洋新兴产业科学成长的长期有效机制。目前，我国的海洋战略性新兴产业尚处在成长初级阶段，该项有着广阔未来空间的产业潜力远未被发掘出来，缺乏政策的有力保障是重要因素之一。此外，我国现有的海洋战略性新兴产业条文制度仍然存在很大缺陷。

3.3.2　尚无配套完善的管理与协调机构

海洋经济发达国家对海洋新兴产业的规划和扶持，一般都会建立专门的管理机构，负责制定政策，协调政府部门、科研机构和企业，促进共同发展，并以合理的金融、财税政策扶持科研机构和企业发展，这不仅有利于政府的调控和引导，也有利于海洋战略性新兴产业的健康发展，促进海洋高科技的快速转换和产业化，使之成为海洋战略性新兴产业成长的新引擎。而我国受制于现有行政体制，政府各部门在出台规划和扶持政策时缺乏沟通和协调，在沿海各个省市之间、行业主管部门和地方政府之间、产业发展与环境之间、行业主管部门和企业之间都存在着不少矛盾，造成了行政资源和财税资本的浪费。所以，设置配套的管控和协调机构以便综合评估各类海洋资源的整体利用和整体效益，促成推动海洋战略性新兴产业不断科学成长的良性循环机制。

3.3.3　科技水平相对落后

海洋高新技术是海洋战略性新兴产业的本质特点，而海洋科技则是海洋战略性新兴产业的发展动力。大力发展海洋高新科技以及实施科技兴海战略，是解决海洋战略性新兴产业发展中面临的人力储备和自主创新等问题的关键。中国海洋战略性新兴产业的科技水准和创新获利尚落后于发达国家，表现在以下几点。

（1）海洋科学技术对海洋产业经济较低的贡献率

与海洋经济强国相比，作为国内的海洋战略性新兴产业成长支柱的蓝色生物医药开发技术、海洋生物技术、海洋能利用技术以及海水淡化技术等产业对海洋经济产值的贡献率过低，严重制约海洋经济国际竞争力的提高和产值增长。

（2）没有必要的应用技术与基础理论根基

第一，国内海洋战略性新兴产业成长较晚，对当前海洋基础科学尚无有效的识别，只认短平快的项目，从而忽略了科学研究的连续性，原始性创新不多，造成没有足够的基础海洋科技理论，极大地影响了海洋科技产业的发展进程。第二，科学研究工作是一项缓慢累积的过程，而科研成就的产生也有赖于大量的科技储备。国内的海洋战略性新兴产业在注意到海洋科技作为海洋经济生产力的重要性的同时，并未注意遵循把握科技研究的基本规律，急于求成，妨碍了海洋战略性新兴产业的可持续发展和隐性经济效益的发掘。

（3）技术装备落后

作为以海洋高科技为基本特征的海洋战略性新兴产业的发展需要尖端的科学技术设备为工具，但是国内当前在这方面与海洋发达国家有相当大的差距。深海资源的探测、海洋油气资源的开采等都迫切急需大量的国外技术设备，除此之外，海洋科学研究分析也只能大量从外国引进尖端试验设备和仪器，这种对外的依赖性严重制约了国内海洋战略性新兴产业成长规划的实施。

（4）缺乏有效整合的科技资源

有效整合产学研链条上的科学技术资源是美日等国家促进海洋战略

性新兴产业健康成长的一条成功之道。国内海洋战略性新兴产业的产学研脱节、技术难以实现转移，造成了科研成果难以转化的局面，导致了科技资源的极大浪费。

3.3.4 资金投入不足

海洋战略性新兴产业的特点之一就是对海洋高新技术的严重依赖，技术研发和产业孵化急需大额的资金支持。然而由于技术的高风险性和海洋技术所需要的高投入，就决定了技术投资的高风险。海洋高新技术的研发要求投资人不仅要具有雄厚的资金实力，而且能够承受技术研发的长周期和技术失败的高风险。而目前债务市场等资本市场均难以满足技术研发投入的巨额资金需求。发达国家通过资金实力和科研技术实力雄厚的大型跨国公司大量而持续的投资，实现了对海洋关键高新技术的突破，进而推动海洋战略性新兴产业不断成长。我国由于海洋经济发展时间较短，与西方发达国家相比，我国海洋企业的经济实力较弱，科研基础也更差，单靠自身的经济和技术实力难以承受投资海洋战略性高新技术研发和资金投入的高风险。比如海水生物养殖等产业受外界气候因素和市场因素的影响明显，难以确保投资收益。海洋生物制药的产品鉴定、临床试验及安全评价周期很长；海洋装备产业在技术研究、工程开发制造和运营等环节的投资巨大。在市场化环境下，海洋新兴产业的高风险导致了投资、融资困难和资金短缺。

此外，海洋战略性新兴产业有着初始投资大、短期内效益低，产品竞争力弱等特点，因此，仅仅依靠政府资金投入非长久之计，形成有效的社会融资机制才能长久推动该产业的发展。以蓝色生物医药产业为例，当前在我国，一项三类海洋新药的研发需要约为500万~800万元人民币的资金，而一般高等院校和研究院所只能从国家获得几万到十几万元人民币的新药基础研究资金，不足以支撑一个新药的研发。再以海洋装备制造业为例，国外的先进海洋仪器的研制开发、海洋油气勘探开发技术等研发经费主要来源于大企业。所以，政府经费无法支持海洋战略性新兴产业高投入、高风险、回报速度慢的特征，形成有效社会融资机制才能保障产业成长的需要。

我国政府在海洋科技研发和成果转化的支持手段和方式上仍偏重于宏观引导，缺乏较为明晰的政策支持和足够的资金支持，过多依赖政府投入和企业自有资金，尤其是创新型中小企业，融资难、贷款难等问题无法解决。同时由于技术风险的存在，金融资本和创业资本不愿主动支持，科技企业融资渠道亟待拓展。

3.3.5 人才匮乏

21世纪的海洋竞争是知识和人才的竞争。大量合格人才的培养和劳动者素质的提高是海洋经济的进步和海洋科技的发展的决定性因素。海洋科技的发展是海洋产业成长的基础，针对海洋战略性新兴产业而言，是否拥有适合成长需求的、实现产业跨越式前进的大批专业人才是决定其繁荣与否的根本。因此，着眼于海洋战略性新兴产业的可持续成长，打造大量掌握核心科技的海洋领军人才及其配套的科技研发团队是当前万分紧迫的战略要务。

与海洋经济发达国家比较，我国海洋战略性新兴产业的后备人才严重缺乏，极度缺乏具备国际化视野的海洋产业高级经营管理人才和精通海洋高新技术的高层次科学技术人才。高层次人才主要集中于科研院所和高校，只有极少量处于生产一线，针对海洋装备的制造、深海采矿和海洋药物的研究开发等极具挑战性且技术密集的海洋战略性新兴产业而言，高层次人才更是稀缺。

3.4 培育海洋战略性新兴产业的思路

3.4.1 基本原则

(1) 面向国际、基于国情的原则

发展海洋战略性新兴产业一方面要高度重视自主创新，突破和掌握关键核心技术，拥有自主知识产权。另一方面，自主创新是把握引进、消化、吸收、再创新在内的开放式创新，不但要积极开展国际合作，而且应该是多样化的国际合作。

(2) 统筹规划、因地制宜的原则

发展海洋战略性新兴产业面临着全新的发展机遇，必须以战略思维及时规划，统筹规划，及时推动海洋战略性新兴产业的发展。要分清轻重缓急，统筹规划海洋战略性新兴产业在贸易、生产与投资、科技创新等领域的发展重点。因为各个地方情况不同，各地海洋战略性新兴产业发展在具体重点选择上也可能有所不同，不同省市之间的发展重点也可能不同，但必须紧密结合本地区的产业基础、资源、人才等条件，因地制宜，找准切入点和突破口，明确方向。

(3) 深化改革、创新体制的原则

必须正确把握好海洋战略性新兴产业发展的规律，正确遵循科技创新的发展规律，正确发挥政府的引导作用，充分发挥市场配置资源的基础性作用，把企业作为创新主体放在突出位置，发挥好企业的积极性、能动性和创造性。

(4) 政府和市场相结合的原则

在市场经济中，海洋战略性新兴产业发展仍然必须基于市场机制的作用，不能完全依靠政府的干预来完成。因此，必须坚持市场主导、政府推动，把充分发挥市场机制的基础性作用和政府的引导推动作用结合起来。主要运用市场供求机制、价格机制等促进海洋战略性新兴产业发展，充分调动市场主体的积极性。但对关系国家经济、社会、国防安全的战略性领域和海洋战略性新兴产业的关键环节，要发挥强有力的宏观规划指导、政策激励引导以及必要的组织协调作用，集中力量办大事。

3.4.2 支持海洋战略性新兴产业发展的思路

（1）选择合适的海洋战略性新兴产业

加快培育战略性新兴产业是我国抢占未来国际经济科技制高点的重要举措，必须深入把握国际科技进步和产业发展的客观趋势。同时我们的比较优势条件和需求与其他国家不尽相同，必须从中国的具体国情出发，考虑我国社会经济发展的重大需求、我们的市场、我们的比较优势和我们现有的基础条件。在这个基础上，对现行产业情况进行分析和评价，充分了解发展现状，才有可能正确选择海洋战略性新兴产业。同时还要高度重视自主创新，注重突破和掌握关键核心技术，积极开展多种形式的国际合作，拥有自主知识产权，这也是我国转变经济发展方式的关键。

（2）明确海洋战略性新兴产业发展重点

推动海洋战略性新兴产业发展也必须集中力量攻克难关。因为各地方具体情况不同，在高度重视国家共性海洋战略性新兴产业发展的同时，各地对海洋战略性新兴产业在具体选择重点上会有所不同，不同省市之间发展重点也可能不同，但必须紧密结合本地所确定的海洋战略性新兴产业发展的目标任务、具体领域和范围，找准海洋战略性新兴产业发展的切入点和发展重点，支持海洋战略性新兴产业的发展。

（3）合理选择相关政策措施

一是对处于种子期的海洋战略性新兴产业，做好技术研发的培育工作，建立研究单位与企业间合作机制，促进产学研结合。引导国家项目和中央单位科技成果转化，选择重点项目与国家计划配套支持，早期介入，引导成果在本地区转化。二是对处于萌芽期的海洋战略性新兴产业，围绕重点发展领域与环节，建立联盟基地等，促进产业集群的形成，并做好配套设施建设，营造产业发展的良好氛围。支持和促进面向市场的产业社会服务体系的发展，提倡发展从研究、生产、应用、装备到金融一条龙的行业协会、联合会，及技术服务与咨询等多种服务的中介机构。三是对处于曙光期的海洋战略性新兴产业，引导企业有效竞争，整合企业资源，培育大型企业，以引导产业迅速发展。通过大型企业带动能集聚大量的中小企业，它们之间在技术上既替代又配套，在市场上既竞争又结盟，互相创造需求又共同向着更高水平迈进。一方面能增强产业和区域经济的抗风险能力，能在整体上参与国际竞争；另一方面能形成上下游关联、产品互补、资源互补、功能互补的产业链条。四是抓好产业集群的空间集聚，推动整体产业竞争力的提升。着力打造产业集聚区、专业园区和产业带。

（4）注重科技和经济结合

在技术创新方面，从技术创新开始，到最终产品，再到末端消费品，要形成完整的产业链、产业体系和相关产业政策体系。要做到：以企业为主体，引导创新要素向企业集聚，尽快形成中国特色的技术突破和机制；以需求为导向，构建海洋战略性新兴产业研发和产业化，实现技术创新向产品的聚焦；以市场实现为目标，推动创新政策，扩大市场需求定位，培育一批具有国际市场竞争力的品牌产品，打造一批跨国经营能力强的龙头企业，形成一批海洋战略性新兴产业集群。

（5）注重科技与金融合作

在大力发展海洋战略性新兴产业过程中，科技与金融的合作已经成为培育新兴战略性产业和自主创新企业的重要手段。如何更好地发挥金融的引导支持作用，实施科技和金融合作，并同时实现金融机构的转型创新，关系到海洋战略性新兴产业的发展和壮大。

充分发挥金融在促进海洋战略性新兴产业发展中的关键作用。主要可以考虑以下几个方面。一是加快完善多层次资本市场体系。积极推进统一监管下的场外交易市场建设，满足处于不同发展阶段创业企业的需求。完善不同层次市场之间的转板机制，逐步形成各层次市场之间的有机联系。二是大力发展创业投资和股权投资基金。可以通过优化创业投资和股权投资的发展环境，推动处于成长早期阶段的创新型企业发展。积极为保险公司、社保基金、企业年金和其他机构投资者参与创业投资和股权投资基金创造空间和条件。建立和完善监管体系，促进创业投资和股权投资行业健康发展。三是加快发展公司债券市场。可以通过建立健全集中统一监管的公司债券市场，鼓励固定收益类产品创新发展，为符合条件的海洋战略性新兴产业企业提供多元化融资渠道。四是鼓励商业银行加强对海洋战略性新兴产业的支持力度。设立专门服务于海洋经济的银行，在控制风险的基础上，发展适合创新型企业特点的信贷产品，将一定比例的信贷资金用于支持海洋战略性新兴产业发展。积极发展中小金融机构和新型金融服务机构，鼓励金融机构创新服务方式和手段。

（6）遵循客观发展规律，处理好市场、企业和政府的关系

发展海洋战略性新兴产业，要高度重视市场需求、充分发挥市场在资源配置中的基础性作用，深入研究在今后一个时期中国乃至世界有哪

些重要、广阔的市场需求。随着经济社会的发展，群众收入水平不断提高，物质文化需求也在不断增加。

发展海洋战略性新兴产业，也要充分发挥企业的积极能动作用。只有企业能动性发挥出来了，海洋战略性新兴产业才能搞好。政府要支持有条件的企业做大做强，要支持产业联盟、企业合作，同时也要支持中小企业发展，做专做精，大中小并举，多种所有制企业并举，形成充分发挥企业积极能动性的好氛围。与此同时，还要注意加强产学研结合。

4　创新发展模式
强化政策保障

多年来，海洋经济快速增长，总量已占到国民经济总量的 10% 左右，是拉动国民经济的增长极。当前，我国海洋经济发展正处于向高质量发展的战略转型期，必须看到发展过程中存在的问题等，引导政府创新产业发展模式、强化政策保障是推动海洋经济高质量发展的重要举措。

4.1　建设产业创新平台

4.1.1　产业创新平台对产业发展影响

（1）实现经济社会可持续发展需要

我国幅员辽阔，拥有丰富的矿产资源、能源，但人均占有量却很低，因此，资源匮乏的问题将长期存在。由于我国拥有约 300 万平方千米的主张管辖海域，广阔的海洋具有巨大的生物、矿产、能源等资源，开发利用巨大的海洋资源将成为 21 世纪我国实施可持续发展的一个重要方向，丰富的海洋资源的开发和利用不仅可以为我国的快速发展提供保证，还可以有效支持我国经济长期持续稳定的增长。

近年来，我国海洋经济发展迅速，海洋产业增加值在 GDP 中所占比例逐年上升。我国主要海洋产业的年均增长速度达到17%，但由于大量未经处理的废水排放入海，海洋环境日趋恶化，赤潮等海洋环境灾害频发，加之风暴潮、巨浪、海水入侵、海岸侵蚀、航道和港池淤积等灾害的影响，海洋污染和海洋灾害不仅已成为我国海洋资源可持续利用的巨大障碍，而且已对我国国民经济的可持续发展构成了严重的潜在威胁。

产业创新平台通过开展共性关键技术进行研究，可深入认识海洋资源的自然赋存、形成条件、受控机制和变化规律，并发展可持续、高效开发利用各种海洋资源的科学理论及高技术，对提升我国海洋科技水平，实现海洋科研成果的转化，提高对海洋生物资源和海水资源的可持续利用水平具有重要意义。

（2）提高海洋科技自主创新能力的需要

近年来，国际海洋界围绕全球气候变化、海洋资源可持续利用、深海科学钻探、极端环境下生命过程等海洋科学和技术方面的热点和难点问题，开展了一系列大型国际海洋合作研究计划。20 世纪 80 年代以来，我国先后参加了一些国际海洋合作计划，并在有些方面取得了可喜的进展，促进了某些海洋研究的发展。但由于种种原因，我国参加的国际海洋合作研究计划还很有限，在海洋科技研究中仅仅围绕国际上的热点和难点开展的研究还很不够，且在研究中简单的跟踪多，自主创新少。我国还未形成自主创新的海洋研究体系和技术开发体系。尽管我国海洋科研机构较多，但是比较分散，海洋科研人员交流不够，科技合作少，研究力量分散。更加分散了有限的国家投入资金，在设备、科研能力、人才等方面，都不能提供充足资金保证，这样将难以集成为国家前沿水平的研究力量。

产业创新平台的建设有利于促进我国海洋各学科的交叉研究交流，提升我国围绕海洋科技发展前沿进行源头创新和自主创新的能力，从而尽快缩小我国与各海洋强国之间的差距，同时还将提升我国海洋科技研发的整体水平，提高我国海洋科技的研发效率，使我国海洋科技迅速崛起。

4.1.2 产业创新平台产业关联度分析

（1）与海洋经济发展的关联度分析

海洋科技创新是海洋经济发展的根本驱动力，通过建设产业创新平台，可加强科技成果转化和产业化，拓展技术扩散线路和海洋战略性新兴产业发展路径，提高探测、开发海洋资源和能源的能力，优化提升海洋传统产业，加快培育和发展海洋工程装备制造、海水利用、海洋精细化工、海洋生物医药等海洋战略性新兴产业，进一步完善和提升海洋产业体系，可增强海洋经济发展的协调性、可持续性和内生动力。

（2）与海洋服务业发展关联度分析

通过建设产业创新平台，可进一步完善海洋地质、海洋生物等领域的科技信息共享体系。利用现代信息技术手段，整合相关学科的大型仪器设备、科技文献、科研数据等科技资源，服务于海洋科学研究和技术创新。同时依托政府相关部门和涉海科研机构，整合各类资源，建设海洋预报、防灾减灾、救助打捞、渔业安全通信救助体系和海洋环境信息服务体系，提供风暴潮、生物灾害、海洋地质灾害和突发性海洋污染事件的预警和预报服务，可加快海洋服务业的发展。

（3）与海洋生态环境保护关联度分析

通过产业创新平台建设，加强科技创新是营造良好的海洋生态环境的基本支撑力量。由于海岸和近海区域开发活动的日渐增多，致使我国海域生态环境状况不容乐观。近几年，近海绿潮等生态灾害频发。依托产业创新平台类科研院所及企业的技术力量开展近岸海域环境污染研究，可保护与修复海域生态环境，提高海洋灾害预警和应急管理能力，消除或减少海洋灾害所造成的危害，为区域经济发展与社会进步提供健康的生态环境。

4.1.3 产业创新平台的运行机制

（1）总体运行和管理机制

产业创新平台应依托所在单位独立建设，实行主任负责制和学术委员会评审制，实行企业化运行机制和项目管理模式，建立开放、流动、竞争、协作、服务的运行机制，促进产学研结合、学科之间结合和资源集成；建立面向市场的良性循环发展模式。

（2）项目管理机制

平台应提高项目运作和管理效力，通过静态和动态相结合的项目管理方式，建立以人为本为前提的成果、质量、进度等各方面协调控制的项目管理体系，促进多学科、跨学科的资源整合，密切与企业的产业化合作与交流，实现资源共享，提高资源使用质量、效益，降低运行成本。

（3）开放交流与共享机制

平台将按照公益性和开放性原则，融入区域科技创新体系，逐步面向全国开放，通过行业上下游技术的互动与交流，促进资源共享。

首先，通过产学研合作机制，发挥平台条件资源和技术优势，邀请海内外学者、企业专家、工程技术人才到研发平台开展各种形式的产学研合作、项目开发、技术攻关、工程试验、技术交流等，推动海洋生物产业技术成果的转化应用。

其次，对外开放，开展国际合作与交流。积极开展国际合作，主要是瞄准欧美日等技术水平处于世界领先地位的地区，与世界著名大学、科研机构和实力雄厚的企业合作开展科学研究、人才培养。通过技术交流、合作和技术引进、消化、吸收、创新，提高海洋生物产业的技术水平。

（4）用人机制

平台实行项目合同制和人员聘任制，由固定人员、流动人员组成。建立以绩效考评为基础的奖优罚劣制度和建立科学的人才评价标准，特别是创新能力考核体系，形成基于以人才为核心的科学创新激励机制。建设一支结构合理的从事海洋生物产业技术研究开发的高层次科技创新、成果转化和管理人才队伍。

（5）管理制度

建立健全平台的管理制度，包括：员工守则、干部考核制度、员工考核制度、员工奖惩条例、人事考勤管理规定、强化实验室管理规定、物品管理规定、实验室安全卫生责任制度、实验人员岗位责任制、仪器设备使用登记制度、仪器设备保养制度、仪器设备定期检定制度、保密制度、对外服务规定等。公共技术平台有偿使用或相应补偿办法应由政府主管部门制定或批准，实行规范化管理，确保实验室对外开放、资源共享顺利开展。

（6）绩效考核

客观地评价员工的日常工作表现，促进员工有计划地改进工作，更好调动员工的工作积极性。对员工的工作绩效进行客观、公正地评价和反馈，以此作为员工工资、奖金、职位等进行调整的依据，公平合理地处理与此有关的人力资源管理问题；以此为依据制订员工教育与培训计划，提升员工的素质和能力，使员工得到更好的发展机会。

4.2 打造全球海洋中心城市

打造全球海洋中心城市，不仅有利于发挥我国的海洋经济优势，更有利于我国沿海区域高质量发展。在新时期，把全球海洋中心城市建成我国经济进一步融入世界经济的跳板，成为加入经济全球化进程的助推器，努力打造成我国面向环太平洋经济圈的桥头堡，具有十分重大和深远的战略意义。

4.2.1 全球海洋中心城市的特点

（1）国家海洋经济发展的先导区

作为我国全球海洋中心城市，要充分利用战略区位和海洋资源综合配置的优势，合理开发和保护海洋资源，率先建成现代海洋产业体系，探索重点发展现代海洋、国际贸易、航运物流、现代金融、先进制造等产业。成为我国拓展发展空间、转变经济发展方式、发展海洋经济的前沿阵地。

（2）国家海洋综合开发试验区

作为我国全球海洋中心城市，进一步坚持改革开放、先行先试，创新体制机制、优化发展环境，提高海洋经济对外开放水平，主动参与全球海洋经济合作与竞争，加强与亚太地区的合作，增强国际资源配置能力，为全国海洋经济高质量发展探索经验。

（3）国家区域经济发展的重要增长极

作为我国全球海洋中心城市，加快区域一体化进程，打造大宗商品储运中转加工交易中心，突出港航物流服务体系建设，构建立足我国、辐射亚太、面向全球的国际物流枢纽，为周边地区提供港口物流全方位服务，不断提高海洋经济规模和质量，形成规模较大、技术先进的现代海洋产业集群，海洋科技创新和对外开放合作能力达到新水平，推动本区域经济快速持续稳定发展。

4.2.2 全球海洋中心城市的功能定位

（1）全球海洋中心城市是开放型经济体系新的窗口

我国经济同世界经济的融合程度已达到较高水平。以新加坡等国家和我国香港特别行政区为借鉴，适应建设开放型经济体系要求，形成与国际经济更加紧密对接的自由贸易区，探索设立国际海洋开发银行，形成全球海洋中心城市文化品牌，有利于在全球树立中国更加开放的形象。

（2）全球海洋中心城市是扩大对外交换的桥头堡

打造全球海洋中心城市，建设一批重大海洋基础设施，实现大宗商品运输水陆无缝对接，建成国际物流枢纽，可大幅度提高我国经济的国际交换能力，充分利用国内外的自然资源和劳动力资源，扩大资源型产品进口和技术、知识密集型产品出口，为未来一个较长时期我国经济平稳较快增长提供支撑。

（3）全球海洋中心城市是海洋经济强国的先导

发展海洋经济，建设海洋强国，是我国"十三五"的重要发展战略。打造全球海洋中心城市，加快培育海洋战略性新兴产业、转型升级海洋传统产业、开发利用我国深远海资源，有利于增强我国海洋经济综合实力。同时，大力发展海洋科技、教育、文化事业，可为建设海洋经济强国提供先进科技、各类人才、技术装备，为开发利用海洋资源提供重要支持。

（4）全球海洋中心城市是保障国家能源资源安全的基地

打造全球海洋中心城市，利用海岛远离人口稠密区的条件，建立原油等大宗商品战略储备基地、资源深加工基地、资源交易市场及中转基地，可改变我国重要化工原材料大量依赖进口的局面，将大幅度提高我国能源储备保障能力。

4.3 创新驱动发展模式

4.3.1 产业发展先行，探索统筹发展新模式

（1）体制改革先行

开展海洋综合管理改革试点，合理调整行政区划，探索陆海统筹发展新模式，为全国海洋与科技管理体制改革探索路径，提供示范。建立健全海陆统筹一体化发展机制，完善海洋综合管理体制，对海岸带统一规划、统一管理，促进海岸带的合理开发与保护。

（2）科技创新先行

增强自主创新能力和集成创新能力，促进我国海洋科技整体水平和综合竞争力显著提升。以海洋科学与国家技术实验室、高校、科研院所和各类重点实验室为载体，加大科研机构、学科带头人的培育和引进力度，建设海洋基础科学创新平台，承担关系国家长远发展的重大海洋基础课题创新研究，在海洋资源、环境和灾害预防等研究领域，保持国际领先地位。以企业为主体，推进企业与科研机构、高等院校密切合作，建立产业创新平台，开展交叉研究，突破核心技术，建设成为国家海洋新兴产业技术研发基地。

（3）产业发展先行

以海洋高技术产业为引领，大力培育海洋服务业，建立海洋产业标准化体系，打造具有引领和示范意义的高端产业集聚区。大力发展海洋战略性新兴产业，形成技术和产业集聚优势。加快标准平台建设，开展国家、国际标准的研究制定。引导企业、院所将拥有自主知识产权的技术转化为标准。

4.3.2 创新工作思路，加快产业支撑体系建设

（1）科技研发体系

建立以企业为主体、市场为导向、产学研相结合的产业技术创新体系。推进企业自主创新能力的建设。加强重点实验室、工程技术研究中心以及校企联合研究机构建设力度，在生物医药、海藻化工、海洋生物能源等重点发展领域设立国家级实验室或工程研究中心。围绕重点项目，加强基础研究领域重大技术的研发与交流，选择突破一批海洋生物核心共性关键技术，从源头上加强生物产业技术自主创新能力。整合全国范围内科研力量，建设技术研发交流平台，建立各科研机构间交流、合作的良性机制，强化本市科研力量与国内外生物产业先进技术力量衔接，积极开展生物技术领域的国际交流，加快国内外生物高技术成果的引进消化吸收再创新。加强人才培养和引进机制，营造良好的人才成长环境，设立人才专项基金，提高海洋生物技术硬件水平。

（2）产业孵化体系

以培育高技术生物新兴企业为宗旨，在严格审批企业技术水平前提下，降低准入门槛，收集各类科技、经济信息和市场情报，推荐投资合作项目，扩大孵化规模。从体系规划、环境建设、产业指导等方面加速产业孵化体系建设，建立孵化综合支撑体系，为孵化企业生产、科研、

信息交流、市场营销、财务管理、知识产权、标准化全过程服务，完善物业后勤配套服务，创造优良工作环境，提高孵化能力和效率，保证孵化企业健康发展，促进科技成果转化、高新技术企业培育、区域经济发展。建立有效的融资渠道，提升产业孵化体系在风险投资引导中的中介作用，完善孵化器法律、财务评价体系，建立完善的风险投资评估和引导体系，提高投资吸引力，为企业提供充足的资金支持，快速引导企业将技术创新成果转化为现实生产力。

（3）公共服务体系

深化公共服务体系的引导功能，大力发展专利申请、报关代理、商标注册、法律、会计、信息咨询、技术交易、专业培训、投融资等相关配套产业。发挥区域基础优势，整合相关资源，形成政府引导，社会资本参与的多元化运营体制，重点补充短缺环节，成立专门的体系建设协调机构，促进体系内部各要素之间的协同效应，维持有效运行，构建完善的公共服务产业链。

4.3.3 创新体制机制，搭建创新平台

（1）建立工作协调机制

建立由各地主要领导组成的领导小组，统筹协调海洋生物产业发展的重大问题，提出促进海洋生物产业发展的政策建议，组织实施相关规划，并研究制定科学的绩效评估体系，把面向产业发展提供服务作为运行绩效考核的重要指标。

（2）加强行业创新体系建设

着力加快产业创新平台建设，建立海洋生物产业知识产权保护机制，充分发挥知识产权制度在激励和保护技术创新方面的作用，支持、引导海洋生物领域专利申请工作，推进知识产权信息化进程，营造良好

的知识产权保护环境。加快中试中心、孵化中心等产业创新平台建设。

（3）促进区域协作发展

积极发挥行业协会桥梁和纽带作用，推动跨区域交流与合作，逐步形成具有国际影响力的学术交流氛围，吸引国内外科研单位和科技人才在国内落户。合理布局区域性基础设施，明确重点产业，加强与国内外其他地区的合作，广泛吸收和利用各地在技术、资金、信息和市场等方面的优势，积极参与跨区域产业分工，共同发展海洋战略性新兴产业。

4.3.4　加大支持力度，加强与金融机构衔接

（1）加大支持力度

自然资源部、中国工商银行 2018 年联合印发了《关于促进海洋经济高质量发展的实施意见》，中国工商银行将力争未来 5 年为海洋经济发展提供 1 000 亿元人民币的融资额度，并推出一揽子多元化涉海金融服务产品，服务一批重点涉海企业，支持一批重大涉海项目建设，包括传统海洋产业改造升级、海洋新兴产业培育壮大、海洋服务业提升、重大涉海基础设施建设和海洋经济绿色发展 5 个方面，促进海洋经济由高速度增长向高质量发展转变。

（2）进一步聚焦服务国家战略

《关于促进海洋经济高质量发展的实施意见》重点支持大型涉海企业与"一带一路"海上合作相关国家开展区域海洋环境保护合作、海洋资源开发利用合作、海岛联动发展合作、国际产能合作，共建海洋产业园区和经贸合作区，支持蓝色经济合作示范项目。共建国际和区域性航运中心、海底光缆项目。在海洋调查等领域共建海外技术示范和推广基地、海洋信息化网络、海洋大数据和技术研发云平台。

（3）拓宽融资渠道

建立海洋战略性新兴产业创业投资机制，通过财政提供、税收、信贷优惠政策、优质服务和创建良好的投资环境等措施，引导社会资金投向海洋战略性新兴产业，拓宽海洋经济融资渠道。搭建海洋经济发展融资平台，加大政策性金融对海洋经济的资金支持，相关金融机构对符合产业政策和信贷政策的企业给予信贷支持。支持建立担保和再担保机构，对企业提供贷款担保。鼓励设立、发展生物技术创业投资机构和产业投资基金，引导社会基金投向海洋经济。逐步培育企业在国内外资本市场上融资的外部环境，支持企业利用资本市场融资。

4.4　强化政策保障

（1）强化工作管理机制

建立健全工作机制，促进海洋战略性新兴产业发展相关部门协调机制，统筹协调生物产业发展的重大问题。根据规划确定的产业发展目标，按职能分工落实到相关部门和各区市，并研究制定科学的绩效评估体系，把面向产业发展提供服务作为运行绩效考核的重要指标，确保工作质量。

成立海洋战略性新兴产业发展专家咨询智库，对产业发展重大问题开展指导咨询，并协助进行重点项目评审论证，加强产业发展引导的科学性。

（2）促进区域协作发展

积极发挥行业协会桥梁和纽带作用，推动跨区域交流与合作，积极办好各种形式的海洋战略性新兴产业交流会或学术研讨会，逐步形成具有国际影响力的学术交流氛围，提高海洋战略性新兴产业技术水平，扩大区域影响力，吸引国内外科研单位和科技人才落户。

合理布局区域性基础设施，明确重点产业，加强与国内外其他地区的合作，广泛吸收和利用各地在技术、资金、信息和市场等方面的优势，在互惠互利、优势互补的基础上积极参与跨区域产业分工，共同发展海洋战略性新兴产业，推进产业链配套，建设跨区域的特色产业基地。

（3）完善相关产业政策

实施财力支持政策，加大对研发与产业化的投入，整合现有政府财力资源，优先安排基础设施、产业创新平台等项目建设，重点支持重要生物技术产品研发、产业化示范项目，并建立财政性资金优先采购自主创新产品制度，保证产业健康发展。

在产业税收政策上，采取多样化的税收优惠方式。对国家需要重点扶持和鼓励发展的海洋战略性新兴产业企业，进一步完善相关税收政策。改变现有的以税收减免为主的方式，向税收补贴方式转变，推动中小型海洋企业的健康发展。

采取重点引导的产业用地政策，土地利用总体规划、城市总体规划编制时应统筹安排海洋战略性新兴产业用地，以科学规划和发展战略引导海洋战略性新兴产业和配套产业的集群发展。

实施知识产权保护政策，建立海洋战略性新兴产业知识产权保护机制，充分发挥知识产权制度在激励和保护技术创新方面的作用，支持、引导海洋生物领域专利申请工作，推进知识产权信息化进程，营造良好的知识产权保护环境，加强专利保护与推广。

（4）积极拓宽融资渠道

建立海洋战略性新兴产业创业投资机制，通过提供财政、税收、信贷优惠政策、优质服务和创建良好的投资环境等措施，引导社会资金投向海洋战略性新兴产业，拓宽海洋战略性新兴产业融资渠道。搭建海洋战略性新兴产业发展融资平台，加大政策性金融对海洋战略性新兴产业的资金支持，相关金融机构对符合产业政策和信贷政策的企业给予信贷支持。支持建立担保和再担保机构，对企业提供贷款担保。鼓励设立、发展生物技术创业投资机构和产业投资基金，引导社会基金投向生物产业。逐步培育企业在国内外资本市场上融资的外部环境，支持企业利用资本市场融资。

（5）加强资源保护力度

加强海洋环境保护，维护生物资源多样性。建立健全生物遗传资源保护法律法规体系，完善生物遗传资源获取与惠益分享制度。加强海洋生态环境分类保护制度、海洋环境准入制度建设，加强海洋环境监测监督，加强涉海工程项目的环境影响评价，实施以海洋环境容量为基础的总量控制制度，实施重点海洋生态功能区保护和修复治理工程。建立跨区共同维护海洋生态环境机制，建立完善环境保护合作机制，加强沟通和交流，共同推动碧海行动计划，切实做好海洋生态保护。

平台案例篇

5 发展平台体系
创新产业发展

5.1 海洋医药产业创新平台

5.1.1 平台目标

海洋是人类赖以生存和健康持续发展的重要资源之一。海洋生物资源量大（占地球生物圈总量 87%）、物种多（约有 100 万种）；可再生性强；海洋生物次生代谢产物化学结构新颖、活性谱广，已成为人类解决各种疑难病症的特殊医药宝库。

截至目前，科研人员已从海洋生物中发现了 22 000 个结构新颖的化合物，其中 50%以上具有生理活性，已经相继研制出 4 种抗癌药、1 种抗菌药、1 种抗病毒药和 1 种镇痛药。欧美等世界发达国家纷纷制定相应海洋药物研发规划，形成了海洋生物资源开发的热潮，开发视野不再局限于近海，已经投向极地和深远海；开发的对象除了各种海洋动植物和微生物外，还扩展到了基因资源和化合物资源；海洋活性化合物除了用作药物外，也注重其他功能的开发。

随着生命科学的进步，复杂疾病的发病机制逐步被揭示，病因被逐步阐明，并发现以往依靠单一成分或者单一靶点的新药研究方法与策略已解决不了这些复杂疾病问题。因此，新药研发的思路与策略的变革势在必行。在此情况下，西药与传统中医药理论的结合将在新药研发中发挥重要的指导作用。我国是利用海洋生物药材防病治病最早的国家之一。《中华人民共和国药典》《中药大辞典》《中华本草》以及《中华海洋本草》等先后记载了海洋中药600余味，药用动植物近1 500种。以海洋本草为主药的经典方、验方3 100余方，这必成为我国当前开发海洋生物药物的独有理论与技术基础。

我国的海洋药物研究开发经过30多年的发展已取得了长足进步并具有一定的国际影响力。近年来，在国家系列重大科技计划的重点支持下，在新药研发领域的队伍建设、装备条件、技术水平、规范标准等方面取得了显著成就，新药研发的某些技术环节或个体上有特色、有优势，但与当前的发展需求相比，新药研发力量分散却又难以协同合作，关键装备条件不足且相对分散，技术创新单一而难以集成，创新链条不衔接难以形成合力，新药研发的品种单一而难以形成产品系列，致使新药研发的自主创新能力不强，缺乏国际竞争力，难以引领支撑生物医药产业的又好又快发展。

综上所述，为应对国际海洋开发特别是海洋生物资源开发的挑战，适应国内海洋经济发展的需求。通过产业创新平台的建设，将汇聚国内外海洋药物创新资源，紧紧围绕海洋医药产业发展的需求，聚焦新产品、新技术的创新研发，培育并形成我国核心技术体系，主动积极参与市场竞争，以引领、带动海洋医药及相关产业的发展。该项目的实施将对我国海洋生物资源开发利用、蓝色经济的发展具有重要的现实意义和深远的历史意义。

5.1.2 平台运行机制

按照"原始创新、重点突破、服务产业、形成优势、培育品牌"的原则，以提升新药研发的自主创新和服务区域经济社会发展的能力；以"资源高度共享、管理科学规范、服务优质高效"为原则，创新管理体制与运行机制，增强新药研究开发的整体协同攻关能力；按照"用好现有人才、稳住关键人才、引进急需人才、培养未来人才"的原则，采取组织模式多元化的方式，着力打造具有国际竞争实力的海洋药物研发协同创新团队；组建官产学研用一体化的海洋医药产业创新平台（图5-1）。

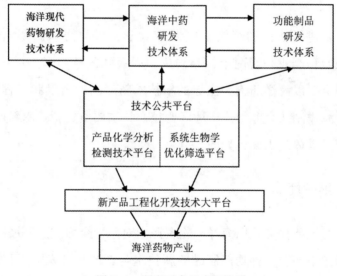

图5-1 研发平台组成架构图

（1）三个产品研发技术平台

以海洋药物制备工艺、制剂与质量控制、药理与药效研究为重点，建立与国际规范接轨的海洋现代药物研究开发技术平台。

以海洋生药鉴定、加工炮制、养殖/栽培与质量标准研究为重点，建立海洋中药研发关键技术平台。

以功能保健品、医用和农用材料等海洋生物制品开发为重点，建立海洋生物功能制品研发技术平台。

（2）两个大型共用技术平台

化合物（新产品）化学分析检测平台、生物学筛选评价平台。

（3）一个工程化开发平台

即新产品、新技术工程化开发平台——国家海洋药物工程技术研究中心。

5.1.3 平台架构

该平台建设依托和牵头单位为 A 大学，采取协同创新模式组建，由创新联盟和产业联盟两个核心构成。创新联盟核心牵头单位为 A 大学，主要负责以海洋药物为主导的新技术新产品的研发和工程化研究；联合数家海洋制药企业组成产业联盟核心，主要负责新技术新产品的产业化实现。具体组织架构如图 5-2。

5.1.4 平台使命

平台的主要任务是以海洋生物资源为对象，全力重点开展海洋现代医药、海洋中药及各种功能制品的新技术与新产品开发、工程化研究，引领带动海洋医药产业发展。

（1）形成具有自主知识产权的海洋药物研发核心技术体系

建成海洋药物新药创制及产业化开发的协同创新平台；集成创新海洋药物（现代药、中药及功能制品）的研发技术，形成具有自主知识产权的核心技术体系，提高海洋医药领域的自主创新能力与公共服务

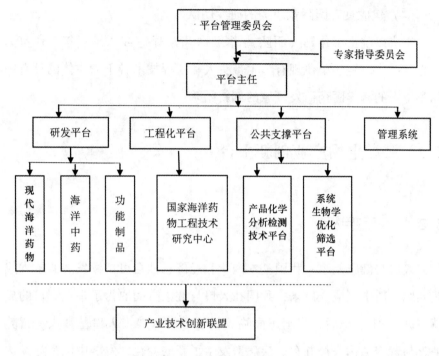

图 5-2 平台组织架构图

水平。

（2）建成高度开放共享的服务平台

建成实验方法和数据与国际接轨的化学分析检测、生物学筛选评价公共服务平台，装备精良、条件先进的海洋药物与生物制品工程化开发服务平台，创新开放共享的体制机制，承接社会各项新技术和新产品的开发与孵化任务，为生物医药产业发展提供技术支撑与服务。

（3）开发系列生物医药新产品

获得海洋新药证书；获得临床研究批件；先导化合物完成新药成药性评价；获得新型功能制品的生产批件。获得农药、农肥证；建立产品技术标准。

（4）建成具有国际竞争力的研发团队

组成以院士工作站（团队）、长江学者工作室或杰出青年工作室为核心，形成以组建单位现有学术带头人和工程技术骨干为主体的具有国际竞争力的海洋医药研发领域的创新团队。

5.2　海洋生物产业创新平台

5.2.1　平台目标

人口与健康是事关我国基本国策和经济、社会可持续发展的重大战略问题。新中国成立以来，我国在人口与健康方面取得了举世瞩目的成就。进入 21 世纪后，我国正面临着新的严峻形势：人口基数大，营养缺乏与营养结构失衡并存，疾病谱发生了新的变化，发展中国家与发达国家样式的疾病谱并存；人口步入老龄化社会，老年保健和老年病问题日趋严重；现代化进程加快导致人们心理压力加大，新的身心疾病增加。

为解决日益严重的我国人口与健康问题，优化和培育新型海洋生物产业，促进海洋生物产业升级，发展海洋经济，将以海洋药物、功能食品、化妆品、海洋生物材料为主的海洋生物技术产业作为重点发展领域。该平台以我国大宗海洋生物资源中的功能因子及其功能性食品开发为目标，开展海洋功能因子的高效分离和制备技术、质量标准控制研究，并在此基础上开发新型海洋功能食品，建立海洋功能食品及其他功能制品产业基地，进行保健食品及其他功能制品产业化示范，带动特色产业群体的形成，提高海洋生物资源的附加值。

"营养、安全、方便、回归自然"已成为 21 世纪食品发展的主题。

针对癌症、心血管疾病、高血脂、高血压和糖尿病等日趋普遍的健康现状，特别是膳食结构中以高脂肪、高蛋白为主的欧美发达国家的人们，已逐渐认识到人类赖以生存的饮食习惯和膳食结构与多种疾病密切相关。为此，人类正在通过开发新型保健与健康食品、改善膳食结构来预防和辅助治疗某些疾病，尤其是在保持食品基本功能的同时，研究与开发具有明显生理调节功能的保健食品及其他功能制品，已成为世界各国政府、学者和企业普遍关注的热点领域。

日本是最早进行保健食品（现代意义上的保健食品）研究开发的国家，目前已形成为蓬勃发展的庞大产业。日本从 1984 年开始，至今已由文部省发起了三期针对保健食品及其他功能制品的国家研究与开发计划。由此推动了健康食品及其他功能制品产业的迅猛发展，使之在世界范围内始终走在这一领域的最前列。

1988 年，美国食品药品监督管理局（FDA）制定了健康食品的六项审查指标，明确了食物的某些成分有助于人类的健康，并能减轻一些疾病的发生，并由此推动了膳食补充剂这一保健食品行业的快速发展。美国是世界上肥胖人口比例最高的国家，约 64% 的成年人体重过大，而21% 的人达肥胖程度。由于肥胖会造成心血管疾病、代谢症状群等方面的健康问题，因此，美国消费者特别关心食品与心脏、体重、健美等相关的保健品功效。保健食品在美国逐渐盛行，近年来仅减肥食品一项的市场销售额就达 550 亿美元以上。

近年来，随着经济的发展及人们对健康的向往，世界各国保健食品的市场年均以约 10% 左右的速度递增，远远超出了一般食品年增 2% 的发展速度。根据《营养商业杂志》（*Nutrition Business Journal*）资料，2009 年全球保健食品市场规模达 7 700 亿美元，其中，美国占全球市场的比重最高，为 34%，欧洲为 32%，日本为 25%。

我国的保健食品自 20 世纪 80 年代后期发展以来，日益形成了一种新兴产业。在 20 世纪 80 年代末 90 年代初是快速发展阶段，90 年代中前期进入虚假繁荣的鼎盛时期。随后经历了 1995—1997 年的整顿和低迷期。1998—2000 年又恢复发展。近些年来，经过整顿和规范，以及参与国际市场的竞争引导，发展趋势呈现出健康良好的发展局面。据相关数据表明，2018 年我国保健食品产值约为 4 600 亿元。虽然保健食品工业产值在快速增长，但仍然缺乏强有力的技术支持和一批规模企业群体的形成，更缺少优势名牌产品，在国际市场上几乎形不成竞争力。海洋保健食品的状况更令人担忧，很少有产品走出国门，反而是大批国外产品打入国内市场，特别是鱼油藻油产品、鱼胶原蛋白产品、海洋蛋白肽产品、甲壳素产品等风靡国内市场。

平台的建设，攻克了一批海洋功能食品开发的共性关键技术，培育具有参与国际竞争能力的科技型企业，建立有效的产学研结合机制，为我国海洋功能食品及其他功能制品研发创新体系建设和海洋生物产业的可持续发展提供有效支撑。

5.2.2 平台运行机制

（1）集聚共享、公共服务

综合考虑资源的集聚和共享，最大限度的发挥资源的综合效益，面向社会，服务产业，为海洋生物产业发展提供信息查询、技术创新、质量检测、标准、人员培训、设备共享等服务；通过"虚拟化"专业技术联盟等途径，促进优势资源的"共享"、互补和综合利用，提高服务的针对性、有效性，不断增强公共服务能力。

（2）软硬结合、协同发展

产业创新平台不仅是装备、设施等硬件能力建设，更要把与之相配的人才队伍建设作为关键环节，大力推动创新型队伍建设，围绕产业体系需求，加强各类优秀拔尖人才培养和引进。加强省、市、县之间的交流与合作，促进优势资源的互补和综合利用，最大限度的发挥资源的综合效益。联合省乃至全国多方优势资源，贴近区域产业，共同打造"政、产、学、研"一体化的创新载体。

（3）渠道多样、长效投入

为加快构建以企业为主体的科技创新体系，提升企业自主创新能力，一方面推进企业自主建设产业技术研发中心，一方面鼓励企业与科研机构联合建立功能完善的平台与专业型工程技术中心，将平台建设与科技专项衔接挂钩，采取政府配套资助、滚动支持的形式，促进企业长效投入具有基础条件、技术创新、转移孵化、管理决策等功能类型的产业创新平台建设。

（4）机制创新、持续发展

以"产权多元化、服务社会化、运营专业化"为原则，采用"政府监督、定期评估、财政补贴"的政府监管模式，以"寻找需求、定向委托、合同管理、品牌建设"作为运行机制，持续推进产业创新平台建设，提高海洋科技与信息资源利用效率，推动海洋生物产业长足发展（图5-3）。

5.2.3　平台架构

（1）行业科技资源共享平台

平台将从产业需求出发，以提高B省海洋保健食品和功能制品产业技术创新能力，延长产业链，支撑和引领产业技术进步，做强做大B省海洋保健食品和功能制品产业，提高B省海洋保健食品和功能制品产品市场竞争力为目标，通过开放式的平台形式加强合作创新，整合行

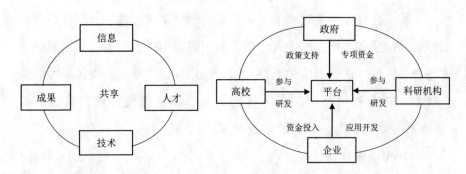

图 5-3　海洋生物产业创新平台的运行机制

业科技资源、促进信息、仪器设备、中试设备等资源共享，提高行业科技创新的整体能力。遵循市场机制法则，建立以产业龙头企业为主体、产学研相结合的创新平台，突破产业重点领域的关键技术、共性技术和前沿技术，促进区域社会、经济的可持续发展，促进产学研合作各方的共同发展。

（2）技术创新资源共享平台

平台成员内部通过有效的资源融合，可有效挖掘内部先进仪器、设备等技术研发的基础资源、业内信息资源和人才资源的创新潜能，实现平台内的科技资源共享，减少重复投资和重复建设；加强科学仪器、设备和实验室的联系协调、建立协作网，根据各单位的优势和专业领域特点，确立一批对平台成员单位开放的中试基地，对平台成员单位实行优惠或免费使用，保持共享科技资源的高利用率，有效提高科研人员对关键仪器设备的操作技能和试验精度；结合重大项目实施、国家科技专项资助，平台成员自筹及社会资本等方式，逐步建成高水平公共技术平台和试验基地；建立平台网站，利用网络信息技术促进平台成员单位的信息、资源整合与共享，并面向整个行业开展服务。达到技术创新要素的优化组合、有效分工、合理衔接以及科技资源共享，高水准地提高 B

省海洋保健食品和功能制品产业科技资源利用率。通过建立服务平台与服务体系，制定服务规范和服务标准，发挥资源优势，促进产业链完善与配套；提高技术创新资源利用率，加速创新成果转化，并对相关产业起到带动示范作用。

（3）新的技术转移和扩散机制

通过建立和完善平台合作攻关机制，加速创新成果产业化。建立以企业为主体、市场化多元成果转化机制，加快推广一批成熟先进的自主创新技术和产品，共同解决发展中遇到的各种问题，提高平台成员在产业内的竞争力和自主创新能力，促进 B 省海洋保健食品和功能制品产业自主知识产权的技术升级和产业结构调整，推动产业的健康可持续发展。

以创新技术商品化的运作方式，强化利益激励与风险共担的关联机制，对勇于承担风险的受用方，优先获得创新技术的知识产权；对于已形成的专利技术，在向该技术受用方实际应用时，由专利权所有方与受用方共同协商专利技术转移的相关问题。

（4）合理的人才交流与培养机制

通过建立合理的人才管理机制，实现平台成员单位科技人才的联合聘任、人才培养和人才交流，发展平台成为培养高层次科技创新人才高地和吸引留学和海外人才的重要基地；建立科学的奖励机制，采取平台创新技术受用方提取一定比例的成果转化奖励基金或集资建立该基金的方式，对有突出贡献的科技人员进行奖励，促进科技人员的创新潜能的持续发挥。

（5）解决产业链各环节的关键共性技术难题

平台可集中力量攻克 B 省功能食品的开发、生产和制造涉及的一系列新技术，主要体现在功能因子的提取、制备、分离、纯化、干燥、微粒化、稳定化处理、包装新技术等，通过基因工程、细胞工程、酶工程、生化工程等生物技术手段进行海洋生物活性物质开发（图5-4）。

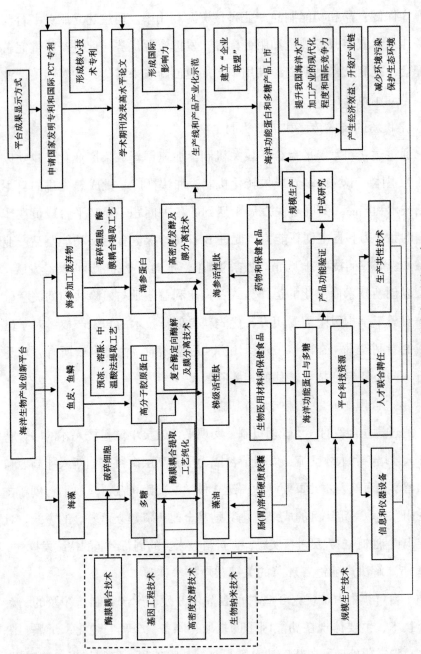

图5-4 海洋生物产业创新平台

5.2.4 平台使命

该平台是为了集成各种创新要素，搭建"产学研"的合作平台，培育和提升自主创新能力，在海洋经济高质量发展过程中，为国家优势海洋生物资源高值化开发、利用、创新做出贡献，推进实施 B 省优势海洋生物产业化，促进 B 省优势海洋生物资源高值化开发利用与产业化示范的合作以及海洋经济高质量发展，提升"产学研"合作的深度与水平，催生优势海洋生物资源高值化开发利用与产业化集团军的形成。

近期的具体实施目标是：建立技术创新服务平台与服务体系，制定服务规范和服务标准，发挥 B 省大宗保健食品活性成分资源优势，即褐藻提取物（多糖）、甲壳质及其衍生物、水产胶原蛋白与胶原肽、海参提取物（多糖、皂苷）、藻油、海蜇提取物和红藻多糖优势、企业优势和科研开发优势，实行三大优势的强强结合。近期申报、研发一批相应保健食品、医用品和功能制品，并形成产业开发能力。

（1）平台服务体系标准化

建立平台网站，利用网络信息技术促进平台成员单位的信息、资源整合与共享。通过建立服务平台与服务体系，制定服务规范和服务标准，发挥资源优势，实现平台内的科技资源共享，减少重复投资和重复建设；加强科学仪器、设备和实验室的联系协调、建立协作网，提高科研人员对关键仪器设备的操作技能和试验精度，并面向整个行业开展服务。

（2）海洋保健食品研制、开发与产业化

主要有减肥、辅助降血脂、辅助降血压、辅助降血糖海洋保健食品的研究、开发与产业；对化学性肝损伤有辅助保护功能、对辐射危害有辅助保护功能与促进排铅海洋保健的研究、开发与产业化；营养补充、改善营养性贫血及改善生长发育海洋保健食品的研究、开发与产业化；辅助改善老年记忆、改善睡眠及增加骨密度海洋保健食品的研究、开发及产业化；促进消化、通便、对胃黏膜有辅助保护功能及调节肠道菌群海洋保健食品研究、开发与产业化；改善皮肤水分及祛黄褐斑海洋保健食品的研究、开发与产业化；增强免疫力、缓解身体疲劳、提高缺氧耐受力及抗氧化海洋保健食品的研究、开发与产业化。

（3）海洋机能制品的研制、开发与产业化

主要有红藻功能多糖精深加工与产业化，研发和生产硬胶囊、软胶囊和微胶囊壁材、医用辅料；纯壳聚糖医用制品、胶原蛋白医用制品和藻胶纤维医用制品等。

5.3 海洋船舶工业互联网平台

5.3.1 平台目标

海洋船舶工业互联网平台主要为船舶产业链企业提供设备物联、协同制造等专业工业应用，也为区域中小企业提供供需对接等多样化平台服务。通过聚集合作伙伴，共同打造形成工业互联网生态体系；通过优化产业链资源配置，助力我国海洋科技工业高质量发展。

5.3.2 平台运行机制

随着互联网与传统产业融合进程不断加速，大数据、物联网、云计算为代表的新一代信息技术应用普及，工业互联网成为全球未来工业形态的新趋势和经济增长的新引擎。工业互联网平台是致力为船舶与海洋工程产品等装备制造业提供设备物联、物流管理、制造执行及供应链协同等优质服务（图5-5）。

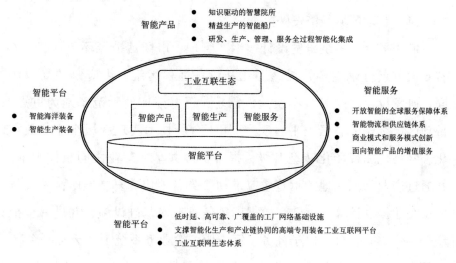

图5-5 "船海智云"工业互联网平台运行机制图

（1）智能生产

包括知识驱动的智慧院所，精益生产的智能船厂，研发、生产、管理、服务全过程智能化集成协同。

（2）智能产品

包括智能海洋装备和智能生产装备。

（3）智能服务

包括开放智能的全球服务保障体系、智能物流和供应链体系、商业模式和服务模式创新，面向智能产品的增值服务。

（4）智能平台

包括低时延、高可靠、广覆盖的工厂网络基础设施，支撑智能化生产和产业链协同的高端专用装备工业互联网平台和工业互联网生态体系。

5.3.3　平台使命

（1）带动区域经济发展

依托平台，围绕研发设计、生产管理、市场营销等环节，解决C省6大重点行业生产管控透明化和设备远程运维、供应链的高效协同、研发设计协同等核心及共性需求，以共建产业示范基地为重点，带动区域企业上"云上平台"，运用平台新技术实现区域企业的数字化、网络化和智能化转型升级，提升资源共享、产业协同整体水平，并通过产业示范基地的示范效应带动C省各地快速复制推广；为C省中小企业提供计算、存储、数据库等信息技术基础设施，并进一步推动个性化协同办公、电子商务、客户服务等业务系统上"云上平台"，降低中小企业信息化投入成本，实现在C省全行业中小企业的推广，共同打造具有C省特色的工业互联网产业生态体系，建设世界级先进制造业集群。

（2）推动船舶行业产业发展

"船海智云"为分布于全国乃至全球产业链上的智力资源、制造能力提供汇聚平台，利用工业软件，基于产品聚集船舶行业产业链上的设计院所、船舶制造企业、发动机等主要船用设备制造企业，以及其他配套厂、船东、船级社、物流企业、船舶贸易公司、船舶制造业金融企业等全行业关联单位，贯穿船舶海工产品从研发设计、生产制造、产品运营、售后服务等全过程，带动船舶行业产业链上大量的配套厂、原材料供应商等相关企业上"云上平台"，构成以大型船舶总装制造企业为核心的大型工业生态圈；形成覆盖行业产业链的云应用集群，突破地域、组织、技术的界限，整合集聚、开放、共享各类要素和资源，推动制造资源对接和优化配置，打通产业链上下游信息流、业务流、资金流，支撑船舶行业产业链相关企业间的供需对接、计划协同、制造协同、物流配送等，提升上下游协同能力，推动产业链协同创新和生态化发展。

政府实践篇

6 建设现代海洋产业基地
支撑大湾区高质量发展

《粤港澳大湾区发展规划纲要》提出，"加强粤港澳合作，拓展蓝色经济空间，共同建设现代海洋产业基地"，将海洋经济发展作为重要支撑。广东抓住发展机遇，集中优势资源，聚焦重点领域，突破关键环节，用好海洋资源，深耕海洋经济，做好经略海洋这篇大文章，进一步推动海洋经济实现高质量发展。

6.1 大湾区海洋经济优势突出

6.1.1 广东海洋资源现状、布局和规划情况

（1）广东海洋经济创新发展优势突出、潜力巨大

广东有着得天独厚的海洋资源禀赋、区位条件和良好的发展基础、体制优势，具有创新发展海洋经济的巨大潜力。

海洋自然资源优越

广东海域辽阔，海岸线长，滩涂广布，陆架宽广，港湾优越，岛屿

众多，海洋生物、矿产和能源资源丰富；大陆海岸线长超过4 100千米，居全国首位；海岸曲折多湾，可开拓成多种类型港口有120多处；拥有海岛超过1 400个，其中面积500平方米以上的海岛有750余个，岛屿岸线长达2 400多千米，占全国岛岸线的1/6；由广东管辖的海域面积约45万平方千米，相当于陆地面积的2.5倍多；拥有海滩面积20余万公顷，适宜多种开发利用的10米等深线内的浅海滩涂面积有127.3万公顷。

海洋生物种类丰富

广东海域地处低纬度，海洋生物资源种类繁多，拥有3 000多种海洋生物，沿海潮间带生物共有1 000多种，潮下带浮游植物约有300种，浮游动物有桡足类、毛颚类等10多个类群约200种；沿岸浮性鱼卵、仔稚鱼有100多种，底栖生物有海藻类、软珊瑚类、软体动物、头足类、甲壳类、棘皮类等200多种；海参、海蛇、海龟等种类丰富多样；南海还有丰富的微生物资源。这些生物资源是开发海洋药物的珍贵资源。

地缘区位优势明显

广东位于祖国大陆的最南边，是内陆出口、到达香港、东南亚，通向太平洋地区的主要通道，东有台湾岛、海峡西岸经济区，西有环北部湾经济区，南有海南国际旅游岛。广东是我国大陆与东南亚、中东以及大洋洲、非洲、欧洲各国海上航线最近的地区，是我国对外开放的核心区域，也是开发保护我国南海资源的战略基地。

区域经济实力雄厚

广东整体经济实力雄厚，总体经济发展水平位居全国前列，其中海洋经济总量居全国首位，形成了较为完整、具有较强竞争力的海洋产业体系，是引领全国海洋经济发展的重要引擎。广东省政府珠江三角洲地区大力发展海洋高新技术产业，已成为我国海洋经济发展最具活力与潜力的地区之一。

海洋科技力量突出

广东集聚了一大批涉海科研机构和高等院校，是我国海洋科技机构和人才较为密集的地区。广东省率先实施科技兴海计划，取得了一批具有自主知识产权的海洋科技成果，是我国海洋科技创新的重要基地。

海洋综合管理领先

广东率先建立了海洋与渔业相结合的海洋管理模式、实施了海域使用管理制度、推进了大规模海洋生态修复和海洋自然保护区建设，在海洋规划和立法等方面进行了积极探索，是引领我国地方海洋行政体制改革的排头兵。

（2）党中央、国务院高度重视广东海洋经济创新发展

国家"十三五"规划纲要专章对发展海洋经济作出了重要部署。国务院从保持国民经济平稳较快发展和加快建设海洋强国的高度将广东列为全国海洋经济发展试点地区。2019 年 10 月广东省委召开会议，传达、学习、贯彻习近平总书记致 2019 年中国海洋经济博览会贺信精神，研究广东省贯彻落实意见。一要深刻认识广东作为海洋大省在国家经略海洋中的责任使命，切实把海洋作为高质量发展的战略要地，加快海洋科技创新步伐，提高海洋资源开发能力，培育壮大海洋战略性新兴产业。二要加快推动广东省海洋经济高质量发展，全力支持深圳建设全球海洋中心城市，大力发展粤港澳大湾区海洋经济，深度参与"一带一

路"建设，加强海洋环境污染防治和生态保护修复，实现海洋资源有序开发利用。三要进一步办好中国海洋经济博览会，认真学习借鉴上海中国国际进口博览会（即进博会）等的经验做法，推动海博会向专业化、市场化、国际化、品牌化方向发展，深化同世界沿海国家和地区的交流合作，为推动广东省海洋经济发展、建设海洋强国提供助力。

（3）广东海洋战略性新兴产业发展布局

根据广东海洋经济综合试验区的战略定位、现有产业基础和发展潜力、资源环境承载能力，按照海陆统筹、优势集聚、功能明晰、联动发展的要求，着力建设珠江三角洲海洋经济优化发展区和粤东、粤西海洋经济重点发展区三大海洋经济主体区域，积极构建粤港澳、粤闽、粤桂琼三大海洋经济合作圈，科学统筹海岸带、近海海域、深海海域三大海洋保护开发带（即"三区、三圈、三带"）的海洋经济空间总体布局要求。

根据"三区、三圈、三带"总体布局，广东着力建设珠江三角洲和粤东、粤西等3个海洋生物战略性新兴产业集聚区，推进"产、学、研、用"一体化，培育发展一批核心竞争力强的海洋生物产业龙头企业，提升广东海洋生物战略性新兴产业综合竞争力，加快形成新的经济增长极。珠江三角洲产业集聚区重点发展海洋生物制药和制品，培育壮大海洋装备产业，建设海洋生物医药产业基地、海洋科技创新和成果高效转化基地；粤东产业集聚区重点发展海洋生物高效健康养殖、海洋生物制品；粤西产业集聚区重点发展海洋生物高效健康养殖。

（4）深圳建设全球海洋中心城市

2019年2月，中共中央、国务院印发《粤港澳大湾区发展规划纲要》，提出支持深圳建设全球海洋中心城市。2019年8月，《中共中央国务院关于支持深圳建设中国特色社会主义先行示范区的意见》提出，支持深圳加快建设全球海洋中心城市，按程序组建海洋大学和国家深海科考中心，探索设立国际海洋开发银行。

深圳正全力推进一所国际化综合性海洋大学、一个海洋科学研究院、一个全球海洋智库、一个深远海综合保障基地等"十个一"工程建设。按照规划，至 2035 年，深圳将基本建成陆海融合、经济发达、科技创新、生态优美、文化繁荣、保障有力，具有国际吸引力、竞争力、影响力的全球海洋中心城市。

6.1.2 广东海洋战略性新兴产业发展现状、优势及面临的主要问题

（1）海洋生物产业发展现状

近年来，广东加快经济发展方式转变，大力发展海洋产业，实现"蓝色崛起"作为全省实施战略性新兴产业的重要内容。在海洋产业中的海洋生物高效健康养殖、海洋医药与生物制品、海洋装备等重点领域取得了一批拥有自主知识产权的技术成果与创新产品，在广州、深圳、珠海、湛江、汕头等沿海地区，形成了各具特色的海洋新兴产业聚集区，培育发展了一批核心竞争力较强的海洋产业龙头骨干企业。

海洋生物高效健康养殖

广东是我国海水鱼类网箱养殖最早、规模最大的省份之一，其海水高效健康养殖业基础雄厚。对虾、鲍鱼、珍珠、名贵海水鱼类等品种养殖产量均居全国前列。粤东、粤中、粤西的 3 个深水网箱产业群，形成 10 个特色鲜明、布局合理、技术先进、管理水平高的健康养殖示范园区；节能环保、集约高效的工厂化循环养殖模式快速发展，成为广东省海洋生物高效养殖的新潮流。

海洋生物医药与制品

广东早在 20 世纪 70 年代就开始海洋天然产物化学研究，所取得成果获得了国内外同行的高度评价。进入 21 世纪，广东在全国率先涉足海洋微生物活性天然产物和海洋生物药用功能基因等研究领域，目前已取得了一大批创新性成果。南海特色药源生物得到广泛利用，多种海洋药物获得候选新药或进入临床研究，产业化发展前景广阔，拥有众多国内外知名的海洋制药企业；从鱼油中提取 DHA 和 EPA、从贝类中制取生理活性物质、从虾蟹壳中提取甲壳素、酶解杂鱼蛋白质制备多肽等方面取得了一批应用性成果，并已成功转化并实现产业化，发展速度迅猛。

海洋装备

广东在常规海洋监测传感器、海洋光学和遥感监测技术、海洋水文监测浮标、海洋观测与探测设施、海洋水质在线监测设备、海洋平台电站装备、海洋生物产业装备等方面取得了良好的技术成果，形成多个创新产品系列。研制蒸汽蒸馏萃取、直接超声波萃取、超声-微波协同萃取及多通道海水营养盐分析等多种装置和仪器并成功商品化。开发的海洋水文气象浮标、波浪传感器、水质监测仪器等已在多个海区应用，且推广到多个国家和地区。以离岸型深水网箱为代表的生物产业装备研发与设备生产处于全国前列，并完全实现了商品化及进口产品替代。在广州、深圳、珠海、中山等形成了各有特色的海洋装备制造基地。

产业创新平台

广东已建立热带海洋环境国家重点实验室、南海海洋生物技术国家工程研究中心等国家级研究开发平台以及一大批省部级重点实验室；构建了初具规模的、以南海为特色的海洋生物天然产物化合物和海洋微生物菌种库；构建了一个涉及生物学、化学、药学三个方面信息的海洋生物及其代谢产物网络数据库；建设了中山国家健康科技产业基地，深圳龙岗海洋生物产业园、广东海洋与水产高科技园等集研发、中试、产业化为一体若干海洋生物高新技术园区。以企业为主体，"产学研"深度合作的海洋科技成果转化应用体制日趋成熟完善。广东已成为我国海洋科技人才、海洋科技创新、海洋高技术成果转化和产业化的重要集聚区。

（2）广东省海洋战略性新兴产业优势

经过40多年的高速发展，广东省已具备较强的海洋经济实力和综合竞争力，为培育和发展海洋战略性新兴产业发展提供了技术创新、人才培育、资金支持、资源条件、产业基础等必要保障。随着珠江三角洲海洋经济优化发展区和粤东、粤西海洋经济重点发展区（即"三区"）的海洋综合开发新格局加快形成，海洋生物产业迎来了难得的发展机遇和良好的发展前景。

产业优势

广东在以海洋电子信息产业、海上风电产业、生物高效健康养殖、海洋医药与生物制品、海洋装备等为重点领域的海洋产业规模位于全国前列。培育发展了一批核心竞争力较强的海洋产业龙头骨干企业，各领域初步形成产业集聚发展态势，已成为海洋产业发展的重要基础。受国际国内经济发展格局变化影响，海洋传统产业结构调整与转型升级需求强烈，以高新技术为特点的海洋新兴产业发展速度加快。

技术优势

广东海洋科技力量较为雄厚，在全国仅次于山东。全省通过大力实施"科技兴海"战略，推动"政、产、学、研"的紧密结合，重点突破和掌握了一批对广东海洋经济发展具有明显带动作用的核心关键技术，取得了一批海洋高科技领域的重大成果，形成了一批具有自主知识产权的海洋科技创新成果。海洋科技领域专利约占全国 10%。

政策环境优势

广东省委、省政府历来十分重视海洋开发和海洋产业发展，与时俱进，不断部署，以保护海洋环境、加快海洋开发；在新的历史时期，广东省把发展海洋经济和推进海洋综合开发列为战略性新兴产业，以期通过重大核心技术突破，引领带动经济社会全局和长远发展。一系列重大政策的出台，为推动广东海洋经济的快速发展，培育壮大海洋战略性新兴产业营造良好的政策环境。

（3）面临的问题和困难

进入 21 世纪，海洋生物资源开发成为海洋产业中发展最快、活力最强、经济效益最高的支柱产业之一。20 年来，广东海洋生物等产业发展成绩显著，但也存在不容忽视的问题和矛盾。

生态环境不断恶化，渔业资源衰退

近年来，由于过度捕捞、围垦填海、污水入海、无序开发等活动的影响，我国近岸海域呈现出污染加重和环境资源退化的趋势，造成了赤潮灾害与水产病害频发、生物资源衰退等一系列严重后果，给我国海洋渔业捕捞、海产品增养殖和滨海旅游业等带来重大的经济损失，严重制约着海洋产业的可持续发展。随着广东水产养殖事业的发展，近年来病害发生日趋频繁，水产养殖产业的对虾爆发性流行病，每年造成上亿元人民币的经济损失，其他主要养殖品种，如扇贝、鲍鱼、牡蛎等的病害日趋严重。目前，在广东省，经济开发活动引起海洋生态环境质量持续恶化、海洋生态资源持续衰退的趋势尚未得到根本扭转、突发性自然重大灾害对海洋经济发展影响程度日益深重。

海洋科技成果转化及产业化方面的困难

长期以来，广东省科研项目基本都是通过计划立项，政府财政拨款，支持具体科学研究，科研成果与市场需求错位，多数成果"束之高阁"，造成财政、人力和物力的极大浪费；高校和科研院所对科研人员的绩效考核往往过多地强调项目数量、经费、论文成果数量等技术价值指标，而对于高校科研成果的市场价值则没有给予更多的重视和支持。各级政府在海洋科技成果转化的具体支持手段和方式上仍偏重于宏观引导，对科技成果转化缺乏较为明晰的政策支持和足够的资金支持，致使再好的科研成果也难以真正商业化、产业化。广东省海洋产业领域的科研成果的产业转化依赖政府投入和自有资金的局面仍未改变。特别是创新型中小企业，难以获得资金支持，同时由于技术风险的存在，金融资本和创业资本不愿主动支持，科技企业融资渠道亟待拓展。

支撑长远发展的海洋科技储备不足

长期以来，广东海洋科技投入的增长幅度远远低于海洋产业增加值的增长速度，科技创新基地建设步伐缓慢，未能有效汇聚具有国际影响力的海洋科技领军人才和高端学术人才。在有限的投入中对海洋生物产业基础资源支持力度尤其显得不足，具有重大创新的海洋科技成果不多，自主创新产品缺乏，知识产权意识淡薄，使广东省海洋产业发展的后劲不足。当前广东省海洋产业仍以海洋渔业、海洋运输业和滨海旅游业为主，以高新技术为支撑的海洋生物产业在海洋经济总量中比例不高，粗放型的传统增长方式未能有效转变，海洋科技对海洋经济贡献不高。海洋生物技术企业多是以生产单一品种为主的企业、企业集团，企业规模小，单个企业所占的市场份额仍达不到区域市场的经济规模，没有形成能够经得住国内外市场风浪的巨舰，与国外大企业相比差距巨大。海洋新兴产业结构不平衡，产业链不完善，产业集聚度不高等问题比较明显。

6.2 构建自主创新体系

构建具有国际竞争力的区域海洋自主创新体系为主线，大力推动粤港澳合作，协调体制机制创新、财政金融支持方式创新、产学研用一体化模式创新为驱动，突出地方特色优势和资源禀赋条件，在海洋经济创新发展模式、提升海洋科技发展能力水平、发挥产业创新平台功能作用、促进成果转化与产业化、探索市场培育与产业集聚发展等方面提供方式、方法与模式示范，全面加快海洋生物产业等战略性新兴产业发展步伐，在广东海洋经济强省建设中发挥突出作用。

（1）构建海洋经济创新发展模式示范

以海洋经济创新发展的领导协调机制创新、协同机制创新和管理监督机制创新为主要内容，充分发挥政府引导和市场配置资源的作用，加强创新发展的领导协调和组织管理，建立创新发展各环节紧密衔接、职责分工清晰及利益分配合理的新机制，突破解决海洋经济创新发展中存在的上下脱节、体系分散等体制机制瓶颈障碍，推动资金、资源和人才要素向产业和技术发展优势领域集聚，形成"市场主导、政府推动、技术领先、平台支撑、环境优化、产业集聚"的新模式。

（2）构建科技成果高效转化与产业培育发展示范

综合运用投资补助、贷款贴息、风险投资、担保费用补贴、绩效奖励等多种政府财政金融支持方式，充分发挥政府财政资金的杠杆作用和示范效应，引导更多社会资金、资源、人才等要素向海洋经济创新发展重点领域和技术集中，以小投入带动大资源，着力解决科技成果转化与产业化过程中存在的投入不足、需求错位、市场培育、风险控制等问题，形成海洋科技成果高效转化，新兴产业快速发展的新机制示范。

（3）构建以企业为主体的自主创新体系建设示范

充分发挥高校和科研院所等研发部门在技术创新中的源头作用，通过建设功能完善、共享开放、管理健全的海洋产业创新平台，引导和推动技术、人才等要素进入企业，加快成果转化和产业化进程，为企业技术创新提供知识供给和技术人才支撑。建立以合理的利益分配和风险承担机制为核心的产学研用协同创新模式，强化企业作为技术创新的主体地位，发挥产业发展需求对技术创新的引导作用，形成具有国际竞争力的区域自主创新体系。

6.3 区域协同创新驱动机制

重点突破支撑海洋产业发展的关键共性技术，推动建立"协同创新"体制机制，加强产业创新平台建设，认真实施海洋科技创新成果转化与产业化，努力改善产业发展环境资源条件。

6.3.1 努力增强海洋科技对产业发展支撑服务能力

以"产学研用"一体化模式创新为主导，加快构建高等学校、科研院所、企业协同创新机制，突破一批制约海洋生物战略性新兴产业发展的核心和重大技术。大力开发海马、海参等海洋药源动物人工育苗和高效养殖技术；挖掘与制取海洋微生物新的低值高产酶制剂，创建海洋动植物功能物质的高效酶解与定向制备技术；攻克海洋生物功能蛋白肽、功能性糖类、酶等活性物质的开发利用共性关键技术，开展海洋生物资源的功能性制品基料与特殊用途功能食品的示范生产；以药物化学以及活性成分评价技术为核心，系统地评价和筛选广东特色的热带大型药源藻类资源，筛选出具有重要功效成分的种质类型，建立药源生物标准化高效生产技术；筛选出具备抗肿瘤、抗感染等不同药理活性的药物先导化合物和新药候选化合物。

6.3.2 建设海洋产业创新平台

以国家战略性新兴产业专项资金支持为依托，带动企业与社会公共资源投入，建设具有南海特色的海洋产业创新平台。以海洋动物、植物及海洋微生物为主要对象，制备并收集海洋天然产物，建设国家海洋天然产物化合物库，构建和完善高通量、高内涵的活性筛选平台，建立与库内实物对应的智能数据库和信息服务平台及有偿共享方案。建设以大型龙头企业为依托的离岸深水网箱产业技术发展服务平台，建立具备网箱工程装备、设备、材料等研发试验、优良品种养殖技术、病害防治技术、产品加工技术等试验示范、产业发展信息服务等功能的全产业链技术支撑服务平台；建设促进海洋装备产业发展的南海海上综合试验场，为海洋监测、探测设施设备仪器、海洋平台电站装备、海洋可再生能源装备、海洋生物产业装备研发提供具有试验服务、技术评估等多种功能的海上综合试验平台。建成一个集工业微生物资源的收集和挖掘，工业微生物活性高通量筛选与优化，工业海洋微生物代谢工程与合成生物学技术等，综合性和现代化的工业海洋微生物技术研发平台。

6.3.3 大力推动海洋科技创新成果转化与产业化

创新财政金融支持方式手段，以国家战略性新兴产业专项资金为引导，通过投资补贴、贷款贴息、风险投资等多种手段，重点推进若干重大关键技术的中试、产品化、商品化和产业化过程，成功转化一批重大技术成果，发展壮大一批战略性新兴产业示范企业。发展高密度养殖、循环水处理及智能化控制等核心技术，提高养殖用水循环利用效率，降低养殖废水排放，创建适合南方的循环水高效养殖新模式；重点集成应用离岸型深水网箱高效健康养殖、种苗繁育、营养饲料、病害防控、养殖产品精制与食品安全保障、标准化等技术，开发智能化网箱养殖系统，形成从苗种到加工销售一体的运营模式；开展海马等药源动物和工业用原料藻类等新种质高效养殖的产业化工程。积极推进新型功能性蛋白源渔用配合饲料、抗菌肽等功能蛋白肽制品和高端浓缩海藻生物肥等的产业化应用与示范，开展海洋生物活性胶原及胶原蛋白类产品等的产业化开发。实施多功能海洋水质在线监测仪器、核电站防腐型高效海水换热器、海洋平台电站装备、节能高效循环水养殖成套设备等关键技术转化及产业化。

6.3.4 构建面向区域海洋产业发展的协同创新中心

充分发挥地缘优势与研究优势，在海洋水产、海洋生物资源和海洋装备三个学科重点突破，打造具备科学研究、人才培养、成果转化、产业推进等一体化功能的南海海洋生物学术高地、行业产业共性技术的研发基地和区域创新发展的引领阵地。本协同创新体将开展先导性基础研究和应用性基础研究,实施四大重点工作:一为机制体制改革计划,构建科学有效的组织管理体制、形成以创新质量和贡献为导向的考核机制;二为打造海水养殖种业、海水养殖饲料、深海网箱高效养殖、集约式工厂化养殖、立体生态养殖、海洋生物医药、海洋生物制品、海洋生物材料、离岸养殖装备、新型浮式防波设施等 10 个专业化研究平台;三为人才队伍建设和学生培养计划,建立持续创新的人才队伍组织模式和寓教于研的学生培养模式;四为资源汇聚计划与措施,探索促进高校企业协同创新的人事管理制度、优化以学科交叉融合为导向的资源配置方式、创新国际交流与合作模式、营造有利于协同创新的文化氛围(图 6-1)。

6.4 体制创新促进高质量发展

6.4.1 以体制机制创新,统领海洋经济创新发展新格局

(1)构建海洋科技协同创新机制

深化"产学研"合作

以国家各部委与中央在粤涉海科研机构与广东省战略合作平台为基础,充分利用国家、部门、省市县的涉海科技基础平台,结合企业的技术研发基地和试验场所,通过推进海洋科技重大成果转化与产业化,促进海洋科技资源优化配置,促进分散在各中央部门(高校、科研院所)渠道以及地方有关单位的资金、资源、人才等要素向广东省优先发展的

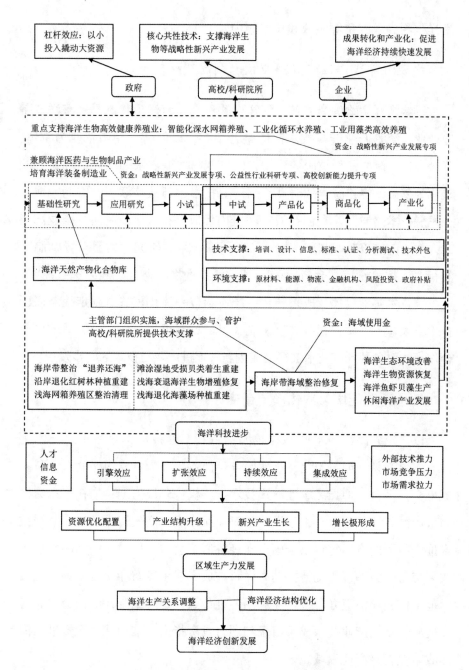

图 6-1　广东海洋经济创新发展路线图

海洋生物高效养殖等领域和技术集中。

建设海洋战略性新兴产业技术创新战略联盟

围绕海洋生物健康养殖、海洋生物医药、海洋生物制品、海洋装备等产业，统筹产业链与技术链的整合衔接，以创新型龙头企业为主体，联合高校、院所和科技服务机构，以产业的发展需求和合理的利益分配机制为基础，组建海洋战略性新兴产业技术创新战略联盟，编制完成产业发展技术路线图。在创新战略联盟内形成高校、科研院所、企业高层次人才双向交流兼职制度，推行产学研联合培养研究生的"双导师制"，实行"人才+项目"的培养模式。建立海洋生物产业等海洋战略性新兴产业关键技术协同攻关、成果转化、产业示范一体化模式。制定战略联盟技术、人才、资源、利益共享机制，以市场需求为导向，以灵活的商业合作模式对各种现有技术进行集成创新，促进产业与技术的同步发展。

强化海洋科技成果转化平台建设

以广东省海洋与水产高科技园为依托，建设以信息咨询、技术评估、成果交易、创新孵化、金融服务、商业服务为主要功能的海洋科技成果交易平台。加强区域性海洋技术推广机构建设力度，依托广东海洋与水产区域性试验中心，建设一批海洋科技成果高效转化基地和海洋技术推广服务网络。每年以全国海洋经济博览会、深圳中国国际高新技术成果交易会为平台，支持推动海洋科技成果展示发布和交流交易。区域示范工作领导小组办公室每年利用各种传媒，定期编制并向社会发布海洋战略性新兴产业技术成果目录与项目投资指南，推动社会投资进入海洋战略性新兴产业领域。

努力增强企业技术创新能力

综合运用无偿资助（含后补助）、贷款贴息、风险投资、偿还性资助、政府购买服务等方式，鼓励和引导政策性银行、商业银行支持涉海企业技术创新。鼓励广东本土涉海龙头海洋企业建立海洋生物工程研究中心、工程实验室等技术创新平台，促进创新本土化和原始创新，培养价值链高端创新能力，推进中小型企业与高等院校、科研院所紧密结合，共同解决制约产业发展的关键技术问题，转化应用性强、市场前景广阔的技术成果，培育起海洋生物高效健康养殖、海洋生物医药与制品、海洋装备等重点领域的龙头企业自主创新发展能力，提升整体内在竞争力，带动海洋战略性新兴产业快速发展。开展知识产权质押贷款和海洋产业保险（渔业保险等）试点，推动担保机构开展科技担保业务，拓宽企业技术创新融资渠道。

（2）完善海洋科技人才培育成长机制

加强海洋学科建设

依托广东省内涉海高校和科研院所进一步完善海洋学科建设。支持海洋学科硕士博士学位点、博士后流动站工作建设与管理。加快中山大学、华南理工大学等高水平大学建设步伐，做好与国家海洋局共建广东海洋大学工作。加强海洋类高等职业院校建设，启动建设广东海洋工程职业技术学院。支持涉海高等学校加快海洋战略性新兴产业学科专业设置，职业院校增设海洋类学科和专业课程。

实施高层次海洋科技人才培养计划

在广东涉海高等院校、科研院所、企业中建立起5个特色明显、优势突出的院士工作站，发挥院士带动优势团队集聚效应，培养发展本土优秀人才队伍。通过广东省创新和科研团队引进计划、广东省领军人才引进计划、院士工作站等，积极引进世界一流科研创新团队和海洋领域紧缺领军人才，超前部署一支能在未来海洋产业发展重大技术领域取得突破进展的人才队伍。加强海洋技术国际交流与合作，以省创新型人才创业扶持计划为依托，支持海洋创新型人才自主创业。

（3）发挥粤港澳合作先行作用

2019年2月18日，中共中央、国务院印发了《粤港澳大湾区发展规划纲要》。纲要提出，共建粤港澳合作发展平台。即加快推进深圳前海、广州南沙、珠海横琴等重大平台开发建设，充分发挥其在进一步深化改革、扩大开放、促进合作中的试验示范作用，拓展港澳发展空间，推动公共服务合作共享，引领带动粤港澳全面合作。广东重点借鉴粤港澳合作在体制机制、金融服务、平台创建等方面的先进理念和优惠政策，进一步探索发挥粤港澳合作先行优势，促进海洋经济创新发展的新思路，转变海洋经济发展方式的新模式。联合推进海洋科技创新，突破海洋生物共性技术，推进海洋战略性新兴产业发展，实施海洋生物高效养殖、海洋生物医药与制品、海洋装备等领域重点项目联合资助行动，共同投入资金，培育海洋战略性新兴产业新增长点。打造多层次、多领域、优势互补的粤港澳合作平台，支持开展资本、技术和品牌合作，携手国内外研究机构、著名企业，促进更多高水平项目的合作，形成海洋战略性新兴产业的优势品牌。发挥港澳的研发优势与广东的产业化优势，推动港澳科研资源与广东海洋高新园区、平台基地等建立协作机制，合作设立海洋技术研发中心、成果孵化基地。支持广东省涉海中小企业引进港澳的资金、先进技术和管理人才，开展海洋生物高效养殖、海洋生物医药与制品、海洋装备等领域的项目合作，拓展优质产品进入港澳乃至国际市场。

6.4.2 以支持方式创新，增强海洋经济创新发展驱动力

（1）落实财税和产业扶持政策

在财税政策方面，落实涉海企业研发费用税前加计扣除、高新技术企业所得税优惠等税收优惠政策。结合海洋生物战略性新兴产业发展的不同阶段与特点，分别采取贷款贴息、担保贴息、无偿补助、以奖代补、股权投资、债权投资等多种支持方式，对技术研发、成果转化、平台建设、重大项目等环节进行支持。

在产业政策方面，建立海洋新兴产业和海洋科技发展重点项目审批"绿色通道"，依法依规加快项目审批、用地预审、海域使用、环评批复、规划选址等审批事项的办理进度。在用海用地政策方面，各地、各部门对重点工程和项目供地、用海给予优先安排，适当降低土地和海域使用成本。

（2）加大政府财政资金支持力度

加大省级财政资金支持力度

"十三五"期间，广东省海洋发展专项资金中重点支持海洋新兴产业和海洋科技发展；重点倾斜支持海洋生物、海洋生物医药、海洋装备等领域；科技厅"产学研"专项资金也围绕海洋科技重大成果转化与产业化项目进行引导支持；中央海域使用金重点支持海岸带海域整治工程，等等。

争取中央企业和地方企业加大资金投入

充分发挥中央企业在资金、技术、管理等方面优势，争取中央企业

加大对广东省海洋新兴产业及海洋科技发展的投资力度。鼓励民营企业加大科技研发投入，破除地方企业（特别是民营企业）进入海洋新兴产业和海洋科技领域的体制机制障碍，积极拓宽融资渠道，多渠道吸引民间资本投向广东省海洋新兴产业及海洋科技发展。

加大地方资金配套投入

各级政府加大对本地区海洋新兴产业和海洋科技发展的财政资金支持力度，对涉及海洋新兴产业和海洋科技发展的基础设施建设、园区建设、产业集群、示范基地、重点实验室、工程中心、各类海洋技术试验平台和涉海科技计划等给予重点支持。

(3) 建立多元化的科技创新投融资体系

建立财政出资与金融资本、风险投资的联动机制

通过股权投资、贷款贴息等方式对方案重点工程和项目予以重点支持，设立海洋科技成果转化与产业化专项资金以及海洋产业风险投资基金、海洋科技成果创新基金等各种扶持性的基金；发挥政府财政科技投入的杠杆和增信作用，综合运用财政贴息等政策，引导银行机构加大对产业信贷支持，吸引社会资金参与海洋产业科技创新。专项资金对创业投资机构、私募股权投资基金、天使投资者投资方案重点工程和项目予以优先扶持。

开展知识产权质押贷款试点

建立知识产权质押登记、交易平台和融资风险补偿机制，健全知识产权价值评估体系。推动担保机构开展科技保险业务试点，鼓励保险机构开展高新技术企业产品研发责任险、关键研发设备险、研发人员团体健康险等科技保险业务。

鼓励金融产品创新

探索通过股权投资等方式对海洋生物高新技术企业提供资金管理及资本运营等方面的支持，向省属投资公司及其他投资公司重点推介本方案重点工程及项目，推动相关股权投资；支持符合条件的涉海企业发行企业债、公司债、短期融资券和中期票据等债券融资工具，推动符合条件的涉海企业在境内发行股票融资；扩大科技型中小企业集合债券、集合票据、集合资金信托发行规模，利用风险缓释机制，探索发行中小企业高收益债券和私募可转债等金融产品；推进粤港澳海洋开发金融合作，探索在境内外发行海洋开发债券。

建立企业上市扶持引导机制

通过考核奖励、费用补助等方式，积极调动涉海企业改制上市的积极性，扩大未上市海洋生物高新技术企业进入代办股份转让系统试点范围，推进未上市企业股权的流通，拓宽创业投资退出渠道，积极鼓励和支持一批科技型中小企业上市，鼓励符合条件的海洋生物企业在境内外上市筹资。

建立相应的贷款及信用担保风险补偿机制

各级地方政府安排专项资金，专门用于金融机构、信用担保机构及其他金融服务机构方案重点工程和项目提供的金融服务（贷款及信用担保等）形成损失给予风险补偿和未发生损失给予奖励，主要包括：金融机构提供的信用贷款、权利质押贷款、知识产权等无形资产产权质押贷款，但贷款项目已由信用担保机构提供担保的除外；金融机构为科技创新活动或者产品创新活动提供的风险保险；信用担保机构提供的信用担保，但信用担保项目已由信用再担保基金提供再担保的除外等。

完善财政银行担保合作机制

通过财政资金带动，引导银行对重点工程和项目发放贷款，鼓励和支持融资再担保公司根据企业申请对此类授信贷款提供担保支持。

6.4.3 以监督管理创新，确保海洋经济高质量发展取得实效

（1）创新绩效评估办法

加强对福建省海洋新兴产业及海洋科技发展的绩效考核工作，落实各地、各部门促进海洋新兴产业及海洋科技发展的责任，各负其责，共同推进。制定以目标责任制为主的绩效考核办法，将重点工作纳入各有关地方和部门党政领导班子年度考核范围，建立实施工作的绩效考核管理和激励约束机制，定期对各项工作进行评估考核，及时通报工作情况。

（2）加强监督管理

对实施方案确立的重点工作、重大项目组织专项督查，确保示范工作按时完成。开展海洋生物战略新兴产业研究与评估，切实对广东省海洋经济创新发展的总体预期效果进行科学系统评估。组织开展编写项目实施方案与预算方案、绩效评价及项目验收等的培训工作。建立公众参与机制，畅通社会监督渠道。充分发挥各种新闻媒体和宣传媒介的作用，营造有利于广东海洋经济发展的良好舆论环境。

7 做好供给侧引导
主动融入"一带一路"建设

拥有丰富的港口资源、滨海旅游资源、海洋生物资源和海洋科技资源的福建,在发展海洋经济方面具备先天优势。福建重点加强与"21世纪海上丝绸之路"沿线国家和地区的交流合作,深化海洋渔业、港口、航运等领域全方位合作。以项目带动产业,以科技促进经济,主动融入"一带一路"建设,在积极加强与东盟国家的交流与合作的同时,努力打造海洋千亿产业链,推动海洋经济发展驶上了快速航道。

7.1 产业结构持续优化

近年来,福建省把推进海洋经济强省建设作为引领全省经济社会发展的"蓝色引擎",制定具体政策和规划,在壮大海洋经济总量的同时注重海洋产业集聚发展和转型升级,海洋经济发展水平跃上新台阶。当前福建省海洋经济呈现出总量大、增长快、效益好的发展态势,海洋产业基础较好,海洋科技力量较为雄厚,对台区位优势突出,加快培育和发展海洋战略性新兴产业具有良好的支撑条件。

7.1.1　海洋经济发展现状

（1）海洋经济实力显著提升

海洋渔业、海洋药物和生物制品、滨海旅游业发展较快，在全国排名靠前，形成了较为完备的海洋产业体系。以海洋经济为依托的沿海6市国民经济增长迅速，发展势头良好。

（2）海洋产业结构持续优化

海洋产业结构日趋合理，已形成较为完备的海洋产业体系，传统海洋产业进一步提升，海洋新兴产业加快发展。已形成了环闽江口、湄洲湾和厦门湾三大海洋产业集聚区。

（3）海洋科技支撑引领能力增强

近年来，福建省海洋科教支撑引领能力明显增强。拥有自然资源部第三海洋研究所、福建省水产研究所、福建海洋研究所、福建省农业科学院、福建省微生物研究所、中国船舶集团公司第七二五研究所厦门分部和厦门大学、福州大学、福建师范大学、福建农林大学、集美大学、厦门海洋职业技术学院等一批涉海科研机构和高等院校，海洋科技研发投入持续加大，海洋药物、海洋生物制品、海产品精深加工等技术研发取得重大突破，海洋科技进步贡献率显著提高。

（4）闽台海洋合作持续拓展

福建省在东山、霞浦、连江等地规划建设了两岸水产品加工集散基地，闽台渔业合作已涵盖苗种繁育、水产养殖、远洋渔业、渔工劳务合作及渔业科技合作等领域。沿海6个设区市的8个港口率先开通对台海上直航，率先开通对台海上直航客滚航线，率先实现两岸间双向旅游，两门、两马等"小三通"航线成为两岸人员往来的黄金通道。

目前，福建省海洋蓝色产业不强，海洋科技水平不高，因此要坚持供给侧结构性改革，以科学开发利用海峡、海湾、海岛、海岸资源为重点，进一步提高海洋开发能力，加强海洋综合管理，强化海洋生态环境保护，切实把海洋资源优势转化为高质量发展优势。

7.1.2 产业发展优势

福建地处我国东南沿海，与我国台湾地区一水之隔，北接长三角，南连珠三角，扼东海与南海之交通要冲，具有优越的海洋区位条件。福建省陆地海岸线蜿蜒绵长、港湾众多，海洋资源在福建省经济社会发展中发挥着重要作用。

（1）海洋区位优势独特

台湾海峡是我国南北海上交通要道，是东北亚通往南亚、西亚的首选航道。海峡两岸的福建与台湾地区之间具有地缘相近、血缘相亲、文缘相承、商缘相连、法缘相循的"五缘"优势，随着两岸和平发展进程的不断推进和福建港口集疏运体系的不断完善，福建对台的独特优势将日益突出，发展两岸海洋开发合作、共同打造西太平洋重要交通枢纽和建设现代化海洋产业开发基地面临重大历史机遇。

（2）海洋资源优势突出

福建海岸线总长 3 752 千米，有面积大于 500 平方米以上的海岛近 1 400个，均位居全国第二；海岸线曲折率达 1∶7.01，为全国之最，由此形成众多天然良港。全省共有大小港湾 125 个，可建万吨级以上泊位的深水岸线长 210.9 千米，其中三都澳、罗源湾、兴化湾、湄洲湾、厦门湾、东山湾 6 大港湾拥有可建 20 万~50 万吨级超大型泊位的深水岸线 47 千米，居全国首位。优越的港口岸线条件和优美的海岸、海岛景观十分有利于发展临港产业和滨海旅游业。滩涂广布，尚有未开发利用的浅海滩涂面积 900 多万亩，近海生物种类 3 000 多种，可作业的渔场面积 12.5 万平方千米，水产品总产量和人均占有量分别居全国第三位和第二位；海洋矿产资源种类多，海岸带和近海已发现 60 多种矿产，有工业利用价值的 20 余种，台湾海峡盆地西部有 1.6 万平方千米的油气蕴藏区域；全省陆上风能总储量超过 4 100 万千瓦，50 米以下水深海域风能理论蕴藏量 1.2 亿千瓦以上，发展现代海洋渔业和海洋生物与医药、海洋可再生能源、海水综合利用、海洋油气业等海洋战略性新兴产业潜力巨大。

（3）海洋技术优势显著

通过多年的探索和积累，福建已在海洋生物开发利用领域形成比较优势，特别是在海洋生物毒素、海洋蛋白工程、海洋糖工程、海洋脂类物质的规模化开发利用方面取得显著成绩，在规模化分离纯化、化合物解构修饰、化合物结构鉴定和精确定量技术方面已形成完备的技术体系，已形成海洋生物资源应用开发集成技术平台，开发出具有多项自主知识产权和产业化前景的科研成果，部分成果取得了显著的社会和经济效益。厦门在海洋药源产业技术研究方面居国内领先水平，药源生物的筛选范围已从沿岸、近海扩大到深海、大洋及一些极端环境的海域。已建立了"中国大洋生物基因研究开发基地"；在药源生物的量化生产技术研究中，建设了"厦门市海洋生物技术产业化中试研发基地"，开展相关共性技术、中试技术和产业化技术等方面的研究。应用生物技术在水产苗种培育、水产品深加工和水产养殖方面也获得了重大突破，集美大学采用单克隆技术培育出彩色的紫菜新品系。大黄鱼优质、抗逆品种的培育，推动了大黄鱼的规模化养殖，获得明显的经济效益。

（4）海洋人才优势集聚

福建海洋科学历史悠久，厦门是我国海洋学科的发源地和摇篮，曾涌现出一批国内外知名的海洋科学家，成为国家海洋事业的栋梁。经过几十年的努力和发展，目前厦门云集了众多的高校和科研院所，已成为海内外闻名的海洋科学研究教育基地。福建海洋科研人员数量和研发能力位居全国第二，特别是近年来自然资源部第三海洋研究所、中国科学院（简称"中科院"）城市环境研究所、厦门大学、福州大学、福建师范大学、福建农林大学等单位在海洋生物领域获得了国家"863计划"、国家科技支撑计划、国家高技术产业化重大专项等项目支持，培育出一批海洋生物研发人才和创新团队，已经成为国内该领域的中坚力量。

7.2 做好供给侧引导

7.2.1 海洋新兴产业发展情况

近年来，福建省海洋经济强省建设顺利推进，海洋新兴产业发展水平跃上新台阶。福建省积极探索产业集聚新模式，建设龙头企业主导、产业链较完善、辐射带动作用强的海洋新兴产业园区和基地培育发展产业集聚区。重点建设福州、厦门、漳州、泉州、宁德海洋生物高技术产业园，继续推进闽江口、环三都澳、湄洲湾、厦门湾海洋工程装备业集中区，以及邮轮游艇、海水综合利用、海洋可再生能源业基地建设，构筑良好投资环境，鼓励科研院校入园创业，引导海洋企业、项目向园区和基地集中。加快培植配套产业链。推进海洋新兴产业内部关联集聚，积极开展产业链招商，促进一批综合效益好、带动性强的配套项目落地。

（1）海洋生物高效健康养殖蓬勃发展、异军突起

福建省海洋生物养殖规模和水平居全国前列，养殖模式主要以筏式、网箱、滩涂、池塘和陆上工厂化养殖为主，其中，具有可控性的

"工业化循环水养殖"及可抗风浪的"离岸型智能化深水网箱养殖"是目前现代海洋生物养殖的重要模式。近年来,福建省通过实施项目带动战略,不断整合海洋与渔业科技资源,引导企业与科研院所建立良好协作关系,初步形成了以30多家企业为主体的创新型企业群体,在工业化循环水养殖、海洋生物装备研发制造、离岸智能化深水网箱、海水养殖灾害防护装备等研制方面储备了较多实用新型的科研技术成果,并具备了一定的产业化基础和条件。

(2) 海洋药物和生物制品业加快培育、优势明显

近年来,福建省海洋药物和生物制品业发展迅速。研发实力不断增强,拥有自然资源部第三海洋研究所、厦门大学生物医学工程研究中心、福州大学生物和医药技术研究院等一批生物医药研发机构,已开发出河豚毒素等一批具有产业化前景的产品,星鲨鱼油、蓝力宝深海鱼油、"蓝湾"硫酸氨基葡萄糖以及富含DHA的微藻油脂等项目已初步产生经济效益。以厦门火炬高新区为载体,以第三海洋研究所、厦门大学、中科院城市环境所等科研院所、国家级重点实验室和工程中心等几十家研究机构为依托,以高科技企业为主体的龙头骨干企业加快成长,形成海西国家海洋与生命科学产业集群。

(3) 海洋工程装备制造业规模扩大、实力增强

目前,福建省已能建造达到国际先进水平的海洋救助船、大马力工作拖船、海洋供应船等海洋工程船。产业集聚度明显提高,闽江口、环三都澳、湄洲湾、厦门湾海洋工程装备业集中区建设正加快推进。

7.2.2　海洋经济发展相关政策措施

(1) 出台一系列推动海洋经济发展的政策措施

福建省配合国家发改委编制完成了《福建海峡蓝色经济试验区发

展规划》和《福建省海洋经济发展试点总体方案》。制定出台了《关于支持和促进海洋经济发展的九条措施的通知》，提出了加快福建省海洋经济发展的目标任务以及具体支持措施。同时还研究制定了《福建省海洋新兴产业发展规划》及 5 个相关新兴产业实施计划、《福建省现代海洋服务业发展规划》及 5 个相关现代海洋服务产业实施计划、《福建省海岛保护规划》等专项规划。

福建省国民经济和社会发展"十三五"规划对大力发展海洋经济做了专门强调。沿海市县都把海洋经济作为新一轮经济发展的重要增长极。福建省海洋与渔业厅还先后与中国人民银行福州中心支行和省农行联合制定了关于金融支持福建省海洋经济发展指导意见，建立政银协作机制，同时还通过简化用海审批程序，对平潭综合实验区和省重点建设项目减征地方留成海域使用金，助推海洋经济发展。

（2）显现出较为明显的政策效应

福建省委、省政府关于加快海洋经济发展的一系列战略部署，为加快调整海洋经济结构，转变海洋经济发展方式，实现海洋产业布局科学化、产业发展集聚化等创造了有利条件。近年来，福建省海洋产业发展呈现如下趋势。

海洋优势产业加快培育和发展

坚持以产品高端、技术高端为方向，以延伸产业链和提高产业配套能力为切入点，重点建设新型高端临海产业、海洋新兴产业、现代海洋服务业、现代海洋渔业四大产业基地。海洋产业集中度明显提高，形成了海洋渔业、海洋交通运输与仓储、滨海旅游、船舶修造、海洋工程建筑 5 大海洋主导产业，其中，海洋渔业、滨海旅游业、海洋药物和生物制品业发展迅速，在全国排名靠前。

海洋战略性新兴产业关键技术取得新突破

海洋药物和生物制品业研发实力不断增强，海洋工程装备制造业技术水平逐步提升，已能建造国际先进水平的海上大型工作辅助船。一批海水综合利用关键技术获得了突破。

两岸海洋经济深度合作加快推进

以实施《海峡两岸经济合作框架协议》（ECFA）为契机，全面推进两岸海洋经济各领域的交流和合作，构建两岸海洋开发深度合作平台，以平潭综合实验区为重点，积极探索建立有利于两岸交流合作的体制机制和发展模式。

7.3　打造海洋经济高质量发展实践区

海洋是福建省发展的优势所在、潜力所在、未来所在。要以供给侧结构性改革为主线，加快把海洋资源优势转化为经济优势、高质量发展优势，科学利用海洋，坚持陆海统筹、生态优先、创新驱动、集约开发、开放合作，打造海洋经济高质量发展实践区，推动高质量发展（图7-1）。

7.3.1　创新体制机制

（1）强化用地（海）保障

深化土地等价格政策改革，优先安排重大涉海工程项目用地用海指标，对重点领域建设项目给予倾斜。对列入省重点项目管理的重点领域建设项目，海域使用金享受省重点项目优惠待遇。在新一轮城乡规划和

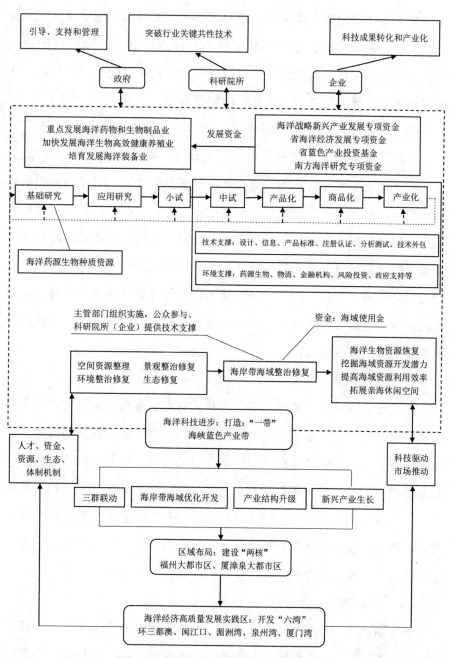

图 7-1 福建海洋经济高质量发展路线图

土地利用总体规划中，优化用地布局，预留发展空间。增量建设用地优先用于重点领域项目，逐步提高年度用地计划中重点领域项目用地比重，争取重大项目用地指标。积极应用海洋功能区划成果，引导新兴产业建设用海，促进重点领域产业集中集聚发展。

（2）培育发展产业集聚区

依托沿海省级以上经济开发区，建设了一批省级海洋产业示范园区，重点支持园区配套基础设施和产业创新平台建设。引导海洋战略性新兴产业向示范园区集聚发展，对落地省级海洋产业示范园区，符合国家产业政策、城乡规划、土地利用总体规划和节约集约用地用海等条件和要求的建设项目，参照省重点项目管理，优先研究列为省重点项目，优先保障用地、用海、用林，海域使用金省内部分减免30%；对入驻园区的企业，按规定给予奖励、用地用海指标倾斜、海域使用金和耕地开垦费减免等政策优惠支持。

（3）做长做强产业链

推进重点领域内部关联集聚，强化园区和基地内企业之间的关联效应，积极开展产业链招商，促进一批综合效益好、带动性强的大项目好项目落地，做长做强产业链。通过产业群的发展，产业链的构建，着力打造增加值超百亿的集海洋生物工程研究、生物制品生产和生物医药生产与产学研用为一体的海洋生物医药产业链；集海洋工程装备设计研发、制造、工程总包和配套服务等为一体的海洋工程装备产业链；海洋生物高效健康养殖产业链。

（4）加快发展优势企业

每年组织评选一批省级海洋战略性新兴产业龙头企业，对获得"十佳"的龙头企业或成功上市的优质企业给予奖励。支持符合条件的优质企业通过在境内外资本市场上市融资发展壮大，对成功上市的企业省里给予奖励。鼓励海洋战略性新兴产业企业打造自主品牌，对新获得中国驰名商标、地理标志商标和省名牌产品、省著名商标的企业给予一定的奖励；支持企业加强品牌宣传，省里给予一定补助；发挥品牌带动效应，加强品牌运作，引导各种要素资源向优势品牌企业聚集，促进海洋战略性新兴产业企业发展壮大。

（5）注重人才培养

重视海洋人才培养，扩大厦门大学、集美大学等高等院校的涉海院系办学规模，争取新增海洋药物和生物制品业等战略性新兴产业类学科的硕士、博士授予点和博士后流动站；加快组建平潭海洋大学，推动福州大学、福建农林大学等高等院校增设海洋战略性新兴产业类学科专业，加大涉海专业技术人才和高技能人才培养力度。依托海洋产业龙头企业和国家级、省级海洋技术和产品研发创新平台，加快培养学科专业带头人和创新型人才。推动厦门大学、集美大学、第三海洋研究所、水产研究所等教学科研机构与涉海企业共建海洋人才培养培训基地和实习见习基地。围绕海洋战略性新兴产业培育、创新平台建设、科技成果转化等，将高层次海洋科技研发、工程技术、企业管理、高技能人才列入全省紧缺人才引进指导目录，把福建打造成为海洋高端人才的聚集地。

7.3.2　促进产业创新链条一体化协调发展

（1）重点建设技术创新平台

围绕重点领域高端产品研发制造，加快建设一批技术创新平台。加快建设以厦门为主体的南方海洋研究中心。加快企业技术创新体系建设，鼓励有条件的优势企业以项目为带动，创建产业化研发基地，建设国家级或省级工程技术研究中心、工程实验室、企业技术中心和重点实验室。创新企业与高校、科研机构创新合作形式，在海洋工程装备、海洋生物医药、游艇制造、海水淡化与综合利用等领域建立一批技术创新战略联盟，联合开展共性关键技术攻关，尽快掌握一批拥有自主知识产权的核心技术。鼓励开展重点领域前沿技术研究，率先实现海洋生物医药、海洋工程装备等产业从制造向创造的跨越。

（2）推进建设技术成果转化服务平台

支持海洋战略性新兴企业采取联合出资方式委托高校、科研机构进行研究开发，鼓励高校、科研机构和科技人员采取技术转让、成果入股、技术承包等形式，加快科技成果转化。支持建设海洋科技企业孵化器。充分利用中国·海峡项目成果交易会等创新平台，推动海洋科技成果与企业的对接，促进海洋科技成果产业化。

（3）创新产学研用合作模式

福建支持高校、科研院所和企业组建不同形式的联合实体，包括联营企业（工厂、公司），研究与开发机构（研究开发中心、中试基地、开放性实验室等）等。在资金投入上，企业以资金、场地、设备、营销等入股，高校、科研院所用科技成果、技术或部分资金入股，体现风险共担；在利益分配上，在保证还贷和贮备企业发展基金的前提下按合作各方投入比例分配。

7.3.3 创新支持方式

财政部门将继续加大重点领域的投入力度，落实海洋高新企业认定及相关税收优惠政策。鼓励有条件的企业及单位以信贷或股权投资的形式参与重点领域建设，推动尽快形成规模，发挥带动引领作用。鼓励民间资本投入重点领域。通过扩大准入等方式鼓励更多的民间资本投入重点领域，并逐步建立以政府投资和民间资本投入并举的多元化的投融资体系，增强重大项目建设资金保障。加大基础设施投入力度，对海洋经济基础设施建设、重大产业及项目审批审核等给予支持，制定海洋产业发展指导目录，引导各类资金投向重点领域。

7.3.4 加强与金融机构衔接

一是加强与国际专业创投基金合作，引导现有创投基金、风投基金投向重点领域。鼓励和引导银行业金融机构积极探索贷款新品种，创新担保方式，拓宽抵押物范围，扩大对重点领域的贷款规模。拓展海域使用权抵押贷款业务，开展岸线资源价值评估，探索岸线使用权抵押融资方式；试点开办码头、船坞、船台等资产抵押贷款业务；鼓励成长型海洋高新技术企业以知识产权质押融资；规范发展应收账款质押、存货质押、组合担保贷款等业务。

二是支持福建符合条件的重点领域企业发行债券和上市融资，对符合条件的企业在银行间债券市场发行债券提供绿色通道。鼓励海洋企业发行企业债券、短期融资券和中期票据等，探索开展中小企业捆绑发行中小企业集合票据或集合债，为企业集合发债提供增信支持；相关金融机构要积极提供财务顾问和承销服务，并适当降低收费水平。探索海洋中小企业发行私募债券。积极开发和发展各类保单嵌入式信贷产品，为海洋企业提供更多的融资渠道。鼓励通过信托业务募集民间资金，为中小型海洋企业提供信托贷款支持。鼓励海洋企业利用融资租赁实现设备升级改造和融资。

三是促进各银行业金融机构积极争取各自总行对福建海洋重点产业、重点项目给予信贷规模和政策倾斜，通过单列计划、新增规模、总行直贷等方式，加大信贷支持力度。

四是改进信贷服务方式，根据海洋产业发展特点，合理确定贷款期限、利率和偿还方式；鼓励对核心企业和配套中小企业采取整体营销模式，进一步简化审批手续，提升审批效率；建立和完善涉海贷款专项统计制度。

8 聚力新旧动能转换
打造自贸区发展引擎

2018 年 1 月，我国第一个以新旧动能转换为主题的区域发展战略综合试验区诞生于山东，加快海洋产业新旧动能转换也成为山东经济发展的重大工程。在现代海洋产业体系建设上，山东大力培育海洋装备制造、海洋工程、海洋生物医药等千亿级产业集群，2018 年海洋战略性新兴产业增加值增长了 22.9%，预计到 2022 年现代海洋产业增加值将达到 2.3 万亿元人民币以上，届时山东省整体 GDP 大概 10 万亿元，海洋产业占比将超过 23%。

8.1 自贸试验区超前布局和规划

全国 21 个自贸试验区都有自己独特的使命，其中山东自贸试验区的一个独特使命就是发展海洋经济。山东自贸试验区要对照国家关于建设海洋强国的要求，加快推进新旧发展动能接续转换、发展海洋经济，着力将山东自贸试验区打造成为海洋经济引领区。着眼于发挥自身海洋资源优势，推动自贸试验区海洋经济高质量发展。

8.1.1 山东省海域资源现状

山东半岛是我国最大的半岛，濒临渤海与黄海，东与朝鲜半岛、日本列岛隔海相望，西连黄河中下游地区，南接长三角地区，北临京津冀都市圈，区位条件优越，海洋资源丰富，海洋生态环境良好，具有加快发展海洋经济的巨大潜力。山东海洋经济创新发展示范主体区包括山东全部海域和青岛、东营、烟台、潍坊、威海、日照6市及滨州市的无棣、沾化2个沿海县所属陆域，共51个县（市、区），海域面积15.95万平方千米，陆域面积6.4万平方千米。

（1）海洋空间资源综合优势明显

山东半岛陆地海岸线总长3 345千米，约占全国的1/6，沿岸分布200多个海湾，以半封闭型居多，可建万吨级以上泊位的港址50多处，优质沙滩资源居全国前列。拥有500平方米以上海岛320个，多数处于未开发状态。海洋空间资源类型齐全，可用于开发建设的空间广阔。

（2）海洋生物、能源矿产资源富集

近海海洋生物种类繁多，全省海洋渔业产量长期居全国首位。海洋矿产资源丰富，海洋油气已探明储量23.8亿吨。我国第一座滨海煤田——龙口煤田，累计查明资源储量9.04亿吨。海底金矿资源潜力在100吨以上，地下卤水资源已查明储量1.4亿吨。海上风能、地热资源开发价值大，潮汐能、波浪能等海洋新能源储量丰富。海洋资源禀赋较好，开发潜力巨大。

（3）海洋人文资源底蕴深厚

山东海洋文化拥有约几千年的历史，底蕴深厚、特色鲜明。近年来举办的青岛奥帆赛、中国水上运动会、国际海洋节、中国海军节等一系列重大活动，进一步丰富了海洋文化内涵。海洋文化优势突出，有利于提升海洋经济发展的软实力。

（4）海洋生态环境承载能力较强

山东半岛属典型的暖温带季风气候，台风登陆概率低。近岸海域以清洁、较清洁海区为主，水动力条件较好，自净能力较强。全省海洋自然保护区、海洋特别保护区和渔业种质资源保护区数量均居全国前列。近岸海域生态环境质量总体良好，能够为海洋经济发展和滨海城镇建设提供必要的支撑。

8.1.2　山东省海洋经济现状

近年来，山东海洋经济发展迅速，成为促进全省经济发展的新动能，在全国海洋经济中的地位日益突出。

（1）海洋经济总体实力显著提升

海洋渔业、海洋盐业、海洋工程建筑业、海洋电力业增加值均居全国首位，海洋生物医药、海洋新能源等新兴产业和滨海旅游等服务业发展迅速，形成了较为完备的海洋产业体系。

（2）海陆基础设施不断完善

山东是我国北方唯一拥有三个吞吐量超亿吨的大港（青岛港、日照港、烟台港）的省份。这里有全国唯一的海洋特色国家生物产业基地——青岛国家生物产业基地。随着山东省沿海公路、铁路、航空、管道网络建设进程加快，水利、能源和通信等设施建设取得新进展，对海洋经济发展的支撑保障能力不断增强。

（3）对外开放取得新突破

海洋生物医药、海洋食品加工、海洋装备制造、港口物流等产业国际合作规模不断扩大；开放环境明显优化，在我国海洋经济国际合作与对外开放中的地位进一步提升。

8.1.3 山东省海洋经济的布局和规划

根据山东自贸试验区的战略定位、资源环境承载能力、现有基础和发展潜力，按照以陆促海、以海带陆、海陆统筹的原则，优化海洋产业布局，提升胶东半岛海洋战略性产业集聚区核心地位，壮大黄河三角洲高效生态海洋产业集聚区和鲁南临港产业集聚区两个增长极；优化海岸与海洋开发保护格局，构筑海岸、近海和远海三条开发保护带；优化沿海城镇布局，培育青岛-潍坊-日照、烟台-威海、东营-滨州三个城镇组团，形成"一核、两极、三带、三组团"的总体开发框架。

（1）一核

核心区域以青岛为龙头，以烟台、潍坊、威海等沿海城市为骨干，充分发挥产业基础好、科研力量强、海洋文化底蕴深厚、经济外向度高、港口体系完备等方面综合优势，着力推进海洋产业结构转型升级，构筑现代海洋产业体系，建设全国重要的海洋高技术产业基地和具有国际先进水平的高端海洋产业集聚区。加快提高海洋科技自主创新能力和成果转化水平，推动海洋生物医药、海洋新能源、海洋高端装备制造等战略性新兴产业规模化发展；加快提高园区（基地）集聚功能和资源要素配置效率，推动现代渔业、海洋生态环保等优势产业集群化发展；加快提高技术、装备水平和产品附加值，推动海洋食品加工、海洋化工等传统产业高端化发展。

（2）两极

黄河三角洲高效生态海洋产业集聚区，发挥滩涂和油气矿产资源丰富的优势，培育壮大环境友好型的海洋产业。建设一批大型生态增养殖渔业区，大力发展现代渔业；加强油气矿产等资源勘探开发，加快发展海洋先进装备制造业、环保产业，培育具有高效生态特色的重要增长极。

鲁南临港产业集聚区，依托日照深水良港，充分发挥腹地广阔的优势，按照《钢铁产业调整和振兴规划》的要求，积极推动日照钢铁精品基地建设，集中培育海洋先进装备制造、汽车零部件、油气储运加工等临港工业；加强集疏运体系建设，密切港口与腹地之间的联系，加快发展现代港口物流业，加强日照保税物流中心建设，把鲁南临港产业集聚区打造成为区域性物流中心和我国东部沿海地区重要的临港产业基地。

（3）三带

海岸开发保护带。从海岸线向陆 10 千米起至领海基线（内水海域界线）之间的带状区域，其中内水面积 3.59 万平方千米，具有资源环境承载力较强、海洋产业发达、城镇密集、人口密度大等特点，是发展壮大海洋经济、统筹海陆发展的最重要区域和优先开发区域。按照优化开发、强化保护的原则，明确岸线、滩涂、海湾、岛屿等空间资源的功能定位和发展重点，加强海洋环境保护和生态建设，提升资源开发利用水平，推进海洋产业结构优化升级，重点打造海州湾北部、董家口、丁字湾、前岛、龙口湾、莱州湾东南岸、潍坊滨海、东营城东海域、滨州海域 9 个集中集约用海片区，构筑功能明晰、优势互补的开发和保护格局。

近海开发保护带。从海岸开发保护带外部界线向外 12 海里宽的带状区域，拥有丰富的海洋渔业、能源、矿产等资源，是开发海洋资源、培育海洋优势产业的重点区域。按照重点开发、合理保护的原则，加快海洋资源勘查和开发利用，壮大海洋能源矿产资源开发、海洋工程建筑等产业；全面规范近海开发利用秩序，扩大人工放流和底播增殖规模，严格执行禁渔期和禁渔区制度；推行清洁生产，防止海上油气矿产开采、船舶航行、海上倾废等造成海洋环境污染。

远海开发保护带。从近海开发保护带外部界线至专属经济区外部界线的带状区域，海洋生物、海底矿产等资源丰富，开发利用前景广阔，是海洋经济发展最具潜力的战略区域。按照维护权益、有序开发的原则，加大资源勘探开发力度，发展海洋捕捞、海底能源矿产开发、海洋工程建筑等产业；维护国家海洋权益，切实履行保护海洋环境的国际义务和责任，维护海洋生态系统平衡。

（4）三组团

青岛-潍坊-日照组团。充分发挥青岛的区域核心城市作用，建设国家创新型城市和西海岸经济新区，构建环湾型大城市框架，大力发展海洋高技术产业和现代服务业，建设成为全国重要的现代海产品精深加工与海洋装备制造的产业发展先行区，进一步增强辐射带动能力。扩大潍坊、日照两个中心城市规模，拓展城市发展空间。充分发挥潍坊连接主体区与联动区的枢纽作用，重点发展海洋高端高效产业；日照重点发展海洋装备制造与现代临港产业。加强潍坊、日照与青岛在基础设施建设和产业发展等方面的对接，完善一体化合作发展机制，形成功能互补、产业互动、融合发展的现代化城镇组团。

烟台-威海组团。加快推进烟台国家创新型城市建设，进一步提升烟台、威海的中心城市地位，增强城市综合服务功能，拓展城市发展空间；统筹组团内各层次城镇的发展，加强组团内产业分工与协作，推进海洋生物材料与生物医药的快速发展；充分发挥与日韩经贸联系密切的优势，大力发展外向型经济，促进海洋高端产业集聚发展，建设成为全国重要的海洋产业基地、对外开放平台和我国北方富有魅力的滨海休闲度假区。

东营-滨州组团。合理扩大东营、滨州的城市规模，完善城市基础设施，提升城市综合服务功能，加强组团内城镇和产业的分工与协作，突出高效生态健康养殖特色，做大做强优势产业，加快发展循环经济，着力建设特色海洋产业集聚区，打造成为环渤海地区新的增长区域和生态型宜居城镇组团。

8.1.4 山东省海洋战略性新兴产业面临的问题

经过 40 多年的改革发展，山东省综合经济实力明显跃升，经济总量居全国前列，基础设施比较完备，产业体系较为健全。历届省委、省政府高度重视海洋经济发展，大力推进"海上山东"建设，全省海洋经济保持了持续较快发展的态势。同时，也要清醒地看到，山东省在海洋资源的科学开发利用、海洋产业的发展、海洋环境保护方面，还存在许多差距，还有很大潜力没有挖掘出来，海洋经济的发展与海洋大省的地位还不相适应，面临的主要问题有以下几个。

（1）海洋科技人才队伍失衡，产业化人才较少，一线从业人员水平低

山东省聚集了全国近 50% 的高级海洋科技人员，但大多从事科学调查和应用基础研究，从事高技术研究和技术开发的少，工程技术人员更少，比例大约为 75∶20∶5。海洋科技人才大多位于青岛市，其他沿海城市较少，而且真正投身海洋产业一线的人才更少，与产业需求不相适应。

（2）海洋科技成果的产业化率较低

50% 的海洋高科技成果由于缺乏有效的中试、放大实验，而导致产品化和产业化的应用示范、转化、推广等方面存在缺口；部分承担单位对推广应用的措施不多、积极性不高。海洋产业链发展不完善，高端生物制品种类单一、海洋药物应用领域不够广泛，降低了第二产业对海水

产品的需求；海洋装备设施和技术滞后等问题较为普遍。海水养殖总面积庞大，但单位面积效益相对较低，产业受外力影响明显，收益难以预期，海洋生物制药产品的生物检定及安全评价周期长，企业投入巨大，在市场化环境下，海洋产业的高风险导致投、融资困难和资金短缺，技术成果转化和产业化效率低下。海洋资源开发利用方式相对粗放、集约化程度低，生产主体分布散、实力弱的局面尚未发生根本转变，规模经济效益差。缺乏高层次的研发人员、高水平的工程技术人员，导致基础技术研究、工程化技术应用、制造工艺水平较低，一些影响可靠性的关键技术至今仍未能有所突破，导致产品（特别是高端产品）性能不够可靠和稳定，难以满足技术转化的市场需求。

（3）存在海洋生物资源高值化利用的技术瓶颈

功能因子的制备、提取、分离、纯化、干燥、微粒化、稳定化处理、包装新技术等技术瓶颈，严重制约着更高技术含量的产品生产。目前，企业中活性物质的分离、纯化等技术与国内外存在较大差距，设备落后、质量差、速度慢；基因工程、细胞工程、酶工程、生化工程等生物技术手段进行海洋生物活性物质开发中刚刚起步。虽然山东省的研究与开发的科研单位和企业数量较多，其中也不乏一些优秀企业，但从总体来讲，山东省海洋保健食品与功能制品的整体优势还没有发挥出来，研究机构和企业各自为战局面还没有改变，研究单位和企业结合与分工不很明确，很多工作还属于低水平重复。山东省的海洋保健食品与功能制品的研究、开发、生产与销售亟须进行整合与功能分工，需要通过平台的形式使各种研究与开发要素的活力得以展现。

（4）缺乏服务于海洋科技的公共平台

目前，虽然山东省海洋科技资源非常雄厚，但真正服务于海水健康养殖科技成果转化的"产、学、研、企"一体化创新示范平台建设缺乏系统的布局和建设。亟须建设一批海洋科技共享、集成、中试、放大、转化、推广、评价以及进行相关从业人员培训、学术交流、市场化运转于一体的产业创新平台。

（5）海洋生态环境日趋恶化

随着环渤海新一轮沿岸开发的加快实施，港口建设、人工岸段等围填海工程的集中实施挤压了传统海洋产业发展空间；能源、重化工等一系列"两高一资"的"大项目"的启动，加剧了环渤海地区重化工业发展、分布密度增加的态势；海岸与海洋空间资源开发与利用缺乏宏观调控和统筹规划与协调与薄弱的海洋监管能力使得海洋生态系统受损，自然岸线资源逐年减少，河口、海湾、海滩、湿地等形态的海岸生态系出现不同程度的退化，海洋生物资源衰退，海岛生态系统和海岸景观资源破坏严重，尤其是黄河口近岸海域、莱州湾南部、胶州湾东北部和丁字河口附近海域海水环境质量污染较为严重。风暴潮、赤潮、海冰、海岸侵蚀与海水入侵等海洋灾害损失严重，突发性灾害以及海岸带环境地质灾害的潜在影响和灾害性损失风险进一步加大。

8.2 海洋产业新旧动能转换

准确把握山东省情、海情，才能科学谋篇布局。既要看到发展优势，也要认清短板和不足，正确应对困难和挑战。新旧动能转换不是新瓶装旧酒，更不是传统产业的贴牌或套牌。应当立足现有海洋经济基础，以创新促发展，坚持"存量变革"与"增量崛起"并举。

8.2.1 创新体制机制，搭建创新平台

以产业发展为引领，大力培育海洋服务业，建立海洋产业标准化体

系，打造具有引领和示范意义的产业集聚区。发展海洋生物、海洋新材料、节能环保、海洋新能源等战海洋略性新兴产业，形成技术和产业集聚优势。

（1）建立"一把手工程"的工作协调机制

组建山东省委海洋发展委员会，对资源开发、产业发展、基础设施、要素市场等实行统筹规划、整体运作，推动跨地区交流合作，提升整体效能和综合效益。建立完善责任分工体系和工作运行机制，把目标任务分解细化，落实到具体责任单位和责任人，形成一级抓一级、层层抓落实的工作格局。把山东建设目标完成和责任落实情况作为领导班子和领导干部考核监督体系的重要内容，从海洋产业、海洋科技、生态文明等方面建立科学的指标体系，加强对有关市和部门绩效考核。建立完善海洋经济、海洋产业统计指标体系，加强统计工作，为科学决策和指导工作提供依据。加强海洋管理和涉海机构建设，充实力量，完善职能，提高服务效率。

（2）促进分散的资金、资源、人才等要素向优先发展的领域和技术集中

按照"政府引导、市场运作，科学决策、防范风险"的原则促进分散在相关部门（高校、科研院所）以及地方有关单位的资金、资源、人才等要素向优先发展的领域和技术集中。

资金运作

利用政府投资，引领企业资金，以参股方式为主，吸引社会资本共同发起设立海洋科技创业投资企业。参股投资比例不超过创业投资企业实收资本的35%，且不能成为第一大股东。参股投资期限一般不超过7年。引导基金投资形成的股权可以通过上市、股权转让、企业回购及破

产清算等方式退出。引导基金参股投资的收益，参照同期国债利率或银行同期贷款基准利率协商确定。根据信贷征信机构提供的信用报告，对历史信用记录良好的创业投资企业，可采用融资担保方式，支持其通过债权融资增强投资能力。当创业投资企业投资创业早期企业或需要政府重点扶持和鼓励的高新技术等产业领域的创业企业时，引导基金可以按适当股权比例向该创业企业投资。跟进投资一般不超过创业投资企业实际投资额的 50%，投资期限一般不超过 5 年。

资源共享

鼓励并引导不同企业的设备资源、人才资源共享。通过建立产业创新平台，实现共享单位的互惠互利，促进共同发展。针对海洋科技产业，利用虚拟化、云计算、网格等先进信息技术，通过建立面向行业的云服务平台，综合面向协作的网络化平台、网格平台等多种网络化协同平台的优点，整合海洋科技产业现有的计算资源、设备资源、软件资源和数据资源。建立面向行业的协同设计平台、试制试验平台、采购交易平台和物流运输综合服务平台，为蓝区内部各下属企业提供技术能力、软件应用和数据服务，真正实现制造资源和制造能力共享和协同，全面支撑不同行业企业多学科协同工作、分析仿真、资源匹配优化、动态调度、测试试验资源服务等业务协作，实现分散在不同企业（院所）资源的高效实用。

人才机制

围绕蓝区海洋经济开发建设重点和市场需求，加强高素质管理人才、专业技术人才队伍建设，建立人才共享机制。加快区域人才一体化平台建设，实现人才交流和资源信息共享。统一政策规范，破除人才流动壁垒，促进人才自由流动。建立区域性人才协作机制，推进蓝区各市异地人事代理、业绩档案建设、诚信认定、人才派遣服务等项目合作，形成区域性人才引进、培训服务平台。营造良好用人环境，努力形成广纳群贤、能上能下、充满活力的用人机制。

（3）促进研发—转化—产业化—市场的创新链条，按照产学研用一体化要求加强衔接

为了加强海洋战略性新兴产业，尤其是海洋生物高效健康养殖、海洋生物医药与制品、海洋装备的技术成果转化与产业化，目前已经建立了日趋完善的研发、示范、推广的产业化体系；建设海洋经济创新发展示范区，推动技术合作、成果转化和人才交流；创新利益分配机制，推进产学研用一体化进程，提高企业和研究机构的内生发展动力；实现海洋生物技术的智力衔接、产业优势资源的空间和时间集聚，推动形成海洋战略性新兴产业优势。

科学确定技术成果转化及产业化的重要领域

政府相关部门主导，科研机构和企业充分、细致的筛选、整合，集中已有的研究力量、推广平台、生产单位，以规模企业为主体，推动已有技术成果的转化和产业化。

推行产学研用合作模式

注重从科学研究到生产应用各环节之间的连续性，明确各方责、权、利，目标明确，重视绩效。鼓励科研机构以市场机制为向导，进行实体化运作，进行重大关键技术和共性技术成果的系统化、配套化、工程化开发，为企业规模化生产提供成熟配套的关键工艺与技术。通过校校（或校所、所所）合作，依据面向海洋经济发展的重大需求，依托

高等学校优势特色学科，与国内外高水平大学、科研院所强强联合，组建协同创新体，协同攻关，在关键领域取得实质性突破，有力地支撑区域海洋经济发展；利用企校（或企所）合作，以企业为主体，开展合作（一方面，企业根据掌握的市场情况，及时将产业亟须发展的核心共性技术任务委托高等学校或科研院所承担；另一方面，企业要抓紧自身研究成果的转化、产业化和市场培育，并以合理的利益机制联合高等学校或科研院所，推动校、所成果转化）；推动上下游企业之间建立实质性合作关系，促进原材料供应与深加工环节紧密衔接，实现基地、原材料、相关产品一体化协调发展。

建立高效的利益分配机制

建设技术成果转化基础性平台，按照现代企业制度，适时、逐步地对其进行资本、技术、无形资产等多种形式的股份制改造；通过技术成果或其拥有者入股的方式，改变科研人员和技术拥有者在分配体制上的从属地位，激活科研机构巨大的智力和技术资源；鼓励技术成果转化和产业化的各方组成长期或临时联合体，以协议或合同的方式形成技术与人才的联系与协作，加快技术、人才、资本与生产有机结合。

建立协同创新的运行机制

坚持产学研用各主体定位清晰，坚持企业主导研发过程，形成优势互补、分工明确、成果共享、风险共担的开放式合作机制，有效整合产学研力量；鼓励高等学校进行高水平的原始创新和基础研究，形成引领产业创新的重大理论突破；明确科研院所将基础研究进一步推进为应用研究的功能定位，强化其作为科技、人才和企业、市场之间重要结合点的作用；加大企业研发力量的优化配置、高效利用和开放共享，着力解决企业科技资源分散、专业交叉重叠和技术重复开发等问题，完善创新链条；科技管理职能部门之间要建立决策协同机制，避免重复、分散投入；建立跨部门的第三方评估机制，加强对科技部门、科技计划、科研机构的绩效评估和监督；积极利用外部科技资源，通过合作研发、委托研发、并购等方式获取创新资源。

高等学校、科研院所紧紧围绕企业的技术创新开展相关工作；确立企业在产学研结合中的主导地位，提高企业的内生发展动力；建立和完善产学研合作创新的风险投资机制，逐步形成以政府为引导，企业投入为主体等多元投资体系。如对于藻类高效养殖、工厂化养殖以及海洋功能蛋白开发等产业，强调企业为主体，开展企企联合，政府协调、科研机构协助，按照市场机制，建立产权明晰、适应市场的产学研用经济利益共同体；对于海洋医药、海洋装备等产业，鼓励科研机构切实解决经济发展的实际问题，实现科研与企业及地方经济的对接，以使科研更加接近经济对技术的需求，推动研究成果达到产品化与产业化的水准。

提高企业的内生发展动力

对于积极进行海洋生物应用技术研究、技术成果转化和产业化的企业，加大在基础设施、重大项目、自主创新、市场开拓等方面的支持力度；推动银企诚信合作，引导金融机构向海洋战略性新兴产业重点工程、骨干项目、高新技术项目倾斜，推进和支持一批市场前景好、盈利能力强的海洋生物高技术企业进入资本市场。进一步落实国家和省、市税收优惠政策，建立适应产业发展需要的企业人才引进和激励机制，推动企业成为创新投入的主体；鼓励科技人员利用各种形式与企业合作和技术培训，加快企业技术人员的知识更新；对有突出贡献的海洋生物领域专家和企业技术人员进行奖励，通过奖励基金、减免税收、政策倾斜等措施鼓励国内外高层次海洋生物科技人才创办海洋生物高科技创新企业或在企业从事创新性开发研究。

8.2.2 创新支持方式，加强与金融机构衔接

（1）运用补助、贴息、风险投资、担保费用补贴的支持方式

用足用好国家支持资金

包括战略性新兴产业发展专项资金、海域使用金、海洋公益性行业科研专项经费、高等学校创新能力提升计划专项资金4个专项资金，对相关工作予以支持。

财政税收政策

研究制定国家引导和扶持海洋战略性新兴产业发展的优惠政策，对山东建设海洋强省给予支持。落实国家关于远洋捕捞等税收优惠政策；加大对海洋资源勘探的投入力度，争取国家现有海洋资源勘探专项向山东倾斜；落实国家风力发电增值税优惠政策，研究制定支持太阳能、潮汐能等新能源产业发展的财税优惠政策。围绕落实国家重点扶持政策，山东省和地市级财政安排专项资金，且每年省、市两级财政专项资金都有所增加。整合省级现有专项资金，重点支持列入规划的交通、能源、水利等重大基础设施项目建设和海洋产业发展。适时启动资源税改革。

投资融资政策

对区内重大基础设施建设、重大产业布局、项目审核等方面给予支持。优化投资结构，增强政府投资的示范和带动作用。制定产业发展指导目录，引导各类资金投向海洋优势产业和战略性新兴产业。国家在安

排重大技术改造项目和资金方面给予支持。支持城市商业银行等地方金融机构发展壮大，条件成熟时可根据需要对现有金融机构进行改造，做出特色，支持建设海洋强省。引导银行业金融机构加大信贷支持力度。积极推进金融体系、金融业务、金融市场、金融开放等领域的改革创新，积极开展船舶、海域使用权等抵押贷款。支持国内外金融企业依法在区内设立机构。合理规划布局新型农村金融机构和小额贷款公司，健全完善农户小额信用贷款和农户联保贷款制度。支持符合条件的企业发行企业债券和上市融资，积极引进全国性证券公司，支持区内证券公司做大做强。支持区内国家高新技术产业开发区内非上市股份有限公司股份进入证券公司代办股份转让系统进行公开转让，打造非上市高科技企业资本运作平台。规范和健全各类担保和再担保机构，积极服务海洋经济发展。促进海域使用权依法有序流转，创设海洋产权交易中心。建设海洋商品国际交易中心，积极开展电子商务。研究设立国际碳排放交易所，重点支持海洋减碳经济发展。规范发展各类保险企业，开发服务海洋经济发展的保险产品。

（2）发挥财政金融支持方式灵活优势引导社会资金更多投向海洋经济

建立企业贷款风险补偿机制

引导银行业金融机构加大对海洋经济开发项目的信贷支持力度。山东省财政设立贷款风险补偿奖励资金，对符合条件的银行业金融机构给予风险补偿和奖励，引导金融机构加大对海洋经济开发项目的信贷支持力度。风险补偿奖励资金支持的对象是各类政策性银行、国有商业银行、股份制商业银行、城市商业银行和农村合作金融机构等银行业金融机构的山东省各级分支机构。

建立企业信用担保风险补偿机制

提高担保机构风险承担和融资担保能力。支持和引导中小企业信用担保机构增强业务能力，扩大担保业务，改善企业融资环境。担保资金主采取三种支持方式。一是业务补助。对符合条件的担保机构开展的中小企业融资担保业务，按照不超过年担保额的 1% 给予补助；对符合条件的再担保机构开展的中小企业融资再担保业务，按照不超过年再担保额的 0.5% 给予补助。二是保费补助。在不提高其他费用标准的前提下，对担保机构开展的担保费率低于银行同期贷款基准利率 50% 的中小企业融资担保业务给予补助，补助比例不超过银行同期贷款基准利率 50% 与实际担保费率之差。三是资金注入。对于由政府出资或参股设立，经济效益和社会效益显著的担保机构，给予适当注资支持。

建立企业上市扶持引导机制

为完善海洋科技企业上市育成机制，加快推进企业上市直接融资。根据企业上市目标责任制考核情况，每年对考核优秀的市、县政府予以奖励。对省有关部门组织的重点上市培训、宣传推介活动给予补助，通过考核奖励、费用补助等方式，积极调动企业上市直接融资的积极性。

建立财政、银行、担保合作机制

注重运用财政贴息手段，吸引银行资金向海洋经济产业集聚，支持实施企业技术创新计划、中小企业成长计划、特色产业提升计划和小企业培育计划。财政部门积极与金融机构开展战略合作，通过存贷挂钩方式，引导金融机构加大对海洋经济的支持。财政等政府部门向银行推荐重点产业项目，由银行按商业贷款条件自主确定扶持项目，建立和完善财银联动合作机制。促进再担保公司根据企业申请对银行的收信贷款提供担保支持，形成了共同推动特色产业集群发展的合力。

8.2.3 实行绩效考核和监督检查制度

（1）项目组织建设

为加强省委对海洋工作的领导和统筹协调，打造海洋高质量发展战略要地，组建省委海洋发展委员会和省海洋局。为加强省委对海洋工作的领导和统筹协调，打造海洋高质量发展战略要地，组建省委海洋发展委员会，办公室设在省自然资源厅；组建省海洋局，作为省自然资源厅的部门管理机构。

组建省委海洋发展委员会是在中央改革大框架下结合山东省实际、注重彰显山东特色的"自选动作"。报道称，"把机构改革与省委谋划推进的全局性、战略性重点工作结合起来，围绕实施新旧动能转换、乡村振兴、经略海洋等重大战略，因地制宜设置机构和配置职能"。

（2）项目管理制度建设

建立竞争激励机制和岗位责任制度，明确规定各个岗位的职责范围、任务、工作要求，根据其承担的责任授予相应的权限，并根据工作目标进行业绩考核，鼓励创新，优胜劣汰，提高综合创新能力。

工程项目管理是一项技术性、专业性、政策性很强的工作，它贯穿于项目公告、项目招投标、项目监理、项目合同管理、项目检查验收等各阶段，健全项目管理制度建设，是保障项目顺利实施的前提。应建立较为完善的项目公告、项目招投标、项目监理、项目合同管理制度、项目检查验收等制度。通过加强组织领导，统一思想认识；通过强化财政支持，拓宽投资渠道；通过加大行政执法力度，切实保障规划顺利实施；通过加快推进科技进步，提供各项技术支持；通过加强宣传教育，开展舆论监督；通过加强项目管理与监督，确保项目质量；通过建立无利益关联的委托验收制度，实行项目验收及项目终结考核。

8.3 建设全球海洋发展中心

青岛市是我国重要的沿海城市，海洋自然资源、产业资源、科技资源和文化资源丰富，发展海洋经济基础良好，是我国海洋经济高质量发展的先行区和山东自贸试验区的核心区。

8.3.1 青岛市海域资源现状

（1）青岛市海域资源现状

资源条件优越

青岛市海域资源丰富，拥有 816.98 千米长的海岸线（含岛屿岸线），海湾 49 处，海岛 69 个，拥有近海海域面积 1.22 万平方千米，滩涂面积 375 平方千米。海洋生物资源丰富，近岸海域有海洋底栖生物 330 种、潮间带生物 128 种、藻类 112 种、鱼类 113 种（其中主要经济鱼类 49 种），并已形成一定规模。各种海洋生物资源和空间资源丰富，为青岛市发展海洋战略性新兴产业提供了生物资源基础。

拥有国家级基地

青岛国家生物产业基地是国家发展改革委认定的国家级生物产业基地之一，也是全国唯一海洋特色国家生物产业基地。生物产业基地技术开发与产业化公共支撑条件、基础设施、具有重大带动性和示范性的项目，多方面获得国家支持。随着基地建设的推进，青岛市进一步了凝聚国内海洋生物技术领域的技术力量，形成了自主创新的产业环境，基地交流平台促进了海洋科技成果转化效率，推动了海洋战略性新兴产业的优势集聚和竞争合作，在海洋战略性新兴产业方面的龙头地位已经初步形成。

形成优势产业领域

青岛市已经形成海洋渔业、海洋生物医药、海洋高端装备制造、海洋新材料、海水综合利用、海洋新能源、海洋节能环保等多个具有海洋特色的生物优势领域，并在国内甚至世界上占据了比较重要的地位。以海洋生物药物方面为例，涌现了一批独有的具有自主知识产权的创新药物，海洋生物医药产值占全国40%以上。海洋生物制品方面，研发成功了蛋白酶、脂肪酶、海洋糖类、蛋白（肽）等海洋新型酶类和生物活性物。海藻化工方面，已成为世界上最大的海藻加工生产基地，产业链长度和深度不断发展。

（2）青岛市海洋资源规划和布局情况

在海洋资源布局规划方面，根据资源环境承载能力、现有基础和发展潜力，《青岛市"海洋+"发展规划（2015—2020年）》提出"海洋+"的新模式、新业态、新产业、新技术、新空间、新载体6大重点任务。以业态创新促进现代网络技术的广泛应用，重点发展海洋高效物流、海洋文化体验、海洋健康体育、海洋特色金融、海洋母港经济。以产业创新加快海洋战略性新兴产业发展，培育发展现代海洋渔业、海洋生物医药、海洋高端装备制造、海洋新材料、海水综合利用、海洋新能源、海洋节能环保。以技术创新抢占未来技术制高点，强化基础研究、突破关键技术、加快科技成果转移转化。以空间创新促进"一谷两区"优势互补、差异化发展，蓝色硅谷核心区打造创新策源地，西海岸新区打造高端产业集聚区，红岛经济区打造新兴产业孵化区，建设海洋特色园区，建设海洋"众创空间"。以载体创新促进海洋经济对外开放，建设"一带一路"综合交通枢纽，建设东亚海洋合作平台，建设科技人文交流平台，建设企业"出海"服务平台。

8.3.2　青岛市海洋战略性新兴产业的发展现状

（1）产业规模不断扩大

青岛海洋战略性新兴产业近年来发展迅速，产业规模不断扩大，已成为青岛重要的产业。海洋战略性新兴产业各领域内涌现出一批国内影响力较大的企业和机构。

（2）产业发展初步集聚

近年来，青岛市海洋战略性新兴产业已形成了以海洋医药、海洋电子信息和海洋装备为主体多个产业聚集区，聚集区配套产业创新平台积极推进，培育了一批特色鲜明的高精尖企业，打造了成长性较好的海洋战略性新兴产业链，目前，海洋战略性新兴产业集聚区已成为带动青岛市经济发展的主要力量。

（3）大院大所引进加快

近年来，青岛与中科院战略合作明显深入，带动大院大所引进步伐明显加快。中科院青岛生物能源与过程研究所、中科院能源科学与技术研究中心、产业技术创新与育成中心、中科院光电研究院青岛研发基地、中科院兰州化学物理研究所青岛研发基地、中科院软件研究所青岛研发基地相继在青岛揭牌成立，加上中科院海洋研究所。其中，生物能源与过程研究所已成为青岛生物技术高端研究与成果转化的重要平台，而且带动青岛海洋产业的国际化合作步伐加快。

8.3.3 青岛市海洋经济高质量发展重点领域

青岛对照国家关于建设海洋强国的要求，加快推进新旧发展动能接续转换、发展海洋经济，着力将打造成为海洋经济引领区，着眼于发挥自身海洋资源优势，立足全市层面，统筹推进涉高端创新资源，建设国家海洋经济创新发展区、国家海洋人才改革示范区、青岛全球海洋经济中心城市的创新中枢。

（1）培育战略性新兴海洋产业集群

围绕高端装备、医养健康等市场需求，重点发展海洋防腐防污材料、生物质纤维材料、工程用高端金属材料和高性能高分子材料，开发特种海洋防腐涂料系列、海藻纤维和甲壳素纤维系列、钛金属合金和特种钢系列、高性能树脂和橡胶系列、石墨烯及3D打印材料系列产品，超前布局开发海洋矿物、生物新材料，实施海洋关键材料升级换代工程。

重点发展大型海洋工程装备、高端船舶装备、深海空间站关键装备、可燃冰开发装备、深海油气勘探开采装备、智能化深远海养殖装备、大功率船用发动机、海洋新能源装备及海洋精密仪器仪表等海洋工程装备，提高地方企业配套率。

加快发展海洋石油加工产品、电力与通讯器材、工程建筑材料、功能性海洋肥料饲料等涉海产品制造业。积极推进青岛蓝谷涉海新材料研发、青岛西海岸国家海洋新材料高新技术产业化基地、崂山海洋生物产业园、莱西石墨烯新材料产业园建设，形成以重点企业为龙头、中小微企业全面发展的产业体系。积极引进美国嘉吉、荷兰泰高、杜邦化工等国际知名企业和科研机构，发展海洋新材料，加快形成产业集群。

（2）打造海洋生物医药产业创新平台

在海洋生物医药产业方面，重点开发抗病毒、降血糖、防治心脑血管疾病等绿色、安全、高效的海洋创新药物及海洋生物新材料、海洋功能食品、海洋生物制品等。依托青岛国家海洋基因库，打造全球最大的海洋综合性样本、资源和数据中心，建设海洋生物医药资源库。支持青岛海洋生物医药研究院建成国内一流的海洋生物医药创新研制平台。加快推进崂山生物医药谷、青岛西海岸海洋生物产业园、崂山生物医药产业园、青岛高新区、青岛蓝色生物医药科技园发展。

（3）推动海洋经济高端化

发展现代仓储物流、商品交易、航运代理、金融保险、船舶管理、海事仲裁、电商服务等高端航运服务业。要着力推进云计算、大数据、互联网、物联网、人工智能、新技术、新材料、新工艺与港口服务、监管深度融合，打造世界一流的智慧港口。同时要与原先已经获批的中国–上海合作组织地方经贸合作示范区、位于国家财富管理金融综合改革试验区以及青岛蓝谷海洋经济发展示范区、青岛国际院士港、青岛国际邮轮母港形成有效互动效应。

（4）发展海洋科研教育

青岛在提高海洋事业开发化程度、提升海洋经济硬实力的同时，应深入推进科技兴海工程、重视海洋人才、提升海洋城市品位，打造中国海洋高端创新和面向全球竞争的关键地。积极跟踪国际海洋科学技术的发展方向，结合青岛的基础和优势，争取在海洋生物、海水淡化、深海矿产、天然气水合物等前沿领域储备技术力量，力争在关键领域取得突破。同时吸引资金更多向青岛市产业关键所需学科的共建倾斜，从共建高校更多走向共建学科、共育产业发展所需人才。同时紧缺人才的引进和培育也要面向产业发展需求，定向引才、育才，打造新型的海洋应用人才集群。

(5) 扩大国际化开放程度

在青岛建设中国-上海合作组织地方经贸合作示范区，加强我国同上合组织国家互联互通，着力推动东西双向互济、陆海内外联动的开放格局。充分发挥自由贸易试验区优势，争取政策助推打造国际航运贸易金融创新核心区，在西海岸新区着力打造世界一流强港，把港口作为陆海统筹、走向世界的重要支点，优化港口功能布局，建设港航贸易、交易、金融以及其他功能性平台，提高港口国际中转能力和辐射带动力，推动陆海联动、港产城融合，着眼于设施一流、技术一流、管理一流、服务一流的目标，努力打造智慧高效、绿色高端的国际化强港。

(6) 提升海洋文化软实力

开展青岛海洋历史和传统文化研究，挖掘整理青岛海洋的海洋历史文化资源，同时结合青岛城市文化，提炼青岛的海洋文化特质。制定现代与历史相融合、人工与自然相融合、本土与世界相融合的青岛海洋文化发展策略，提升青岛海洋文化品牌，促进青岛城市文化与国际海洋文化接轨，带动中国向蓝色文明转变。结合海洋空间开发、船舶设计、海洋影视等发展的新趋势，培育一批行业领先、具有较高知名度的创意设计企业和品牌。打造"一带一路"国际合作新平台，拓展商旅文化交流等领域合作，更好发挥青岛在"一带一路"新亚欧大陆桥经济走廊建设和海上合作中的作用。

参考文献

安海燕，赵婧．深圳离"全球海洋中心城市"有多远？．中国自然资源报［N］，2020-1-15.

白锟，2010．我国海洋高新技术产业化发展模式研究［J］．经营管理者，（21）：401-402.

陈玲，林泽梁，薛澜，2010．双重激励下地方政府发展新兴产业的动机与策略研究［J］．经济理论与经济管理，（9）：50-56.

陈柳钦，2008．高新技术产业发展的金融支持研究［J］．当代经济管理，（5）：59-61.

董景荣，2008．技术创新扩散的理论、方法与实践［M］．北京：科学出版社．

董晓菲，韩增林，2007．中国三大经济区海洋经济发展差异探讨［A］．中国地理学会2007年学术年会论文摘要集．

方景清，张斌海，殷克东，2008．海洋高新技术产业集群激发机制与演化机理研究［J］．海洋开发与管理，（9）：55-59.

高常水，2016．战略性新兴产业创新平台研究［M］．北京：经济科学出版社．

郭晓丹，何文韬，2012．战略性新兴产业规模、竞争力提升与"保护性空间"设定［J］．改革，（2）：34-41.

郭晓丹，宋维佳，2011．战略性新兴产业的进入时机选择：领军还是跟进［J］．中国工业经济，（5）：119-128.

韩立民，2016．中国海洋战略性新兴产业发展问题研究［M］．北京：经济科学出版社．

韩霞，2009．高技术产业公共政策研究［M］．社会科学文献出版社．

郝凤霞，2011. 战略性新兴产业的发展模式与市场驱动效应 [J]. 重庆社会科学，
(2)：54-58.

何欣荣，张旭东，王俊禄，等，2013. 全球化竞争催生新海洋战略 [EB/OL]，半月谈
[2019-08-02].

赫希曼，1991. 经济发展战略 [M]. 曹征海，潘照东译. 北京：经济科学出版社.

姜国建，文艳，2006. 世界海洋生物技术产业分析 [J]. 中国渔业经济，24（4）：
45-49.

金永明. 新中国在海洋政策上的成就与贡献 [N]，文汇报，2019-4-19.

李彬，王成刚，赵中华，2013. 新制度经济学视角下的我国海洋新兴产业发展对策探讨
[J]. 海洋开发与管理，(2)：89-93.

李芳芳，栾维新，2005. 知识经济时代下我国海洋高新技术产业的发展 [J]. 海洋开
发与管理，(1)：74-79.

李光全. 这是山东自贸区下，青岛的 6 大方向 [N]. 青岛智库观察. 2019

李晓华，吕铁，2010. 战略性新兴产业的特征与政策导向研究 [J]. 宏观经济研究，
(9)：20-26.

刘佳，李双建，2010. 世界主要沿海国家海洋规划发展对我国的启示 [J]. 海洋开发
与管理，(3)：1-5.

刘堃，韩立民，2012. 海洋战略性新兴产业形成机制研究 [J]. 农业经济问题，33
(12)：90-96.

刘明，汪迪，2012. 战略性海洋新兴产业发展现状及 2030 年展望 [J]. 当代经济管
理，(4)：62-65.

刘伟光，盖美，2013. 耗散结构视角下我国海陆经济一体化发展研究 [J]. 资源开发
与市场，(4)：385-389.

刘险峰，2011. 战略性新兴产业发展中的需求激励政策研究 [J]. 中国财政，(13)：
54-57.

刘旭旭，2011. 区域战略性新兴产业选择理论与方法研究：以安徽省为例 [D]. 沈
阳：辽宁大学.

吕明元，2009. 技术创新与产业成长［M］. 北京：经济管理出版社.

罗斯托，1962. 经济成长的阶段 非共产党宣言［M］. 国际关系研究所编辑室译. 北京：商务印书馆.

波特，2002. 国家竞争优势［M］. 李明轩，邱如美译. 北京：华夏出版社.

明茨伯格，等，2001. 战略历程 纵览战略管理学派［M］. 刘瑞红，等，译. 机械工业出版社.

乔琳，2009. 面向国际的我国海洋高技术和新兴产业发展战略研究［D］. 哈尔滨：哈尔滨工程大学.

秦正茂，周丽亚，2017. 借鉴新加坡经验 打造深圳全球海洋中心城市［J］. 特区经济，（10）：20-23.

申俊喜，2012. 创新产学研合作视角下我国战略性新兴产业发展对策研究［J］. 科学学与科学技术管理，（2）：37-43.

束必铨，2012. 韩国海洋战略实施及其对我国海洋权益的影响［J］. 太平洋学报，（06）：89-98.

王建文. 推动我省海洋经济高质量发展. 福建日报［N］. 2019-1-15（09）.

王金平，张志强，高峰，等，2014. 英国海洋科技计划重点布局及对我国的启示［J］，地球科学进展，（7）：865-873.

王俊. 山东省机构改革中这个新组建的机构，其背后是经略海洋的雄心. 澎湃新闻［EB/OL］. 2018-10-12.

王淑玲，管泉，王云飞，等，2012. 全球著名海洋研究机构分布初探［J］. 中国科技信息，（16）：56-58.

王占坤，赵锐. 美国发布《海洋与海岸带经济报告》［N］. 中国海洋报，2014-4-22（A4）.

舒尔茨，1990. 论人力资本投资［M］. 吴珠华，等译. 北京：北京经济学院出版社.

筱原三代平. 产业结构论［M］. 北京：中国人民大学出版社，1990.

肖兴志，2011. 中国战略性新兴产业发展研究［M］. 北京：科学出版社.

熊广勤，2012. 战略性新兴产业培育发展的金融支持模式选择［J］. 武汉冶金管理干

部学院学报，（1）：40-42

熊勇清，曾丹，2011. 战略性新兴产业的培育与发展：基于传统产业的视角［J］. 重庆社会科学，（4）：49-54.

徐胜，2009. 我国海陆经济发展关联性研究［J］. 中国海洋大学学报（社会科学版），（6）：27-33.

徐质斌，2007. 中国海洋经济发展战略研究［M］. 广州：广东经济出版社.

杨娜，2010. 海洋高新技术产业化进程研究［J］. 海洋信息，（3）：14-18.

于谨凯，李宝星，2007. 海洋高新技术产业化机制及影响因素分析［J］. 港口经济，（12）：49-52.

于谨凯，李宝星，2007. 我国海洋高新技术产业发展策略研究［J］. 浙江海洋学院学报（人文科学版），24（4）：11-15.

占毅. 加快推动海洋经济高质量发展. 南方日报［N］，2019-11-18（A10）.

张平，李军，刘容子，2014. 英国海洋产业增长战略概述［J］. 海洋开发与管理，31（5）：75-77.

张赛男. 三大海洋经济圈基本形成 沪深建全球海洋中心城市. 21世纪经济报道［N］，2017-05-17.

张少春，2010. 中国战略性新兴产业发展与财政政策［M］. 北京：经济科学出版社.

赵西君，2011. 区域战略性新兴产业选择研究：以北京市昌平区为例［J］. 中国能源，（5）：29-32.

郑贵斌，2003. 新兴海洋产业可持续发展机理与对策［J］. 海洋开发与管理，（6）：10-43.

郑贵斌，2004. 海洋新兴产业：演进趋势、机理与政策［J］. 山东社会科学，（6）：77-81.

郑铁桥，2014. 欧盟及其成员国海陆经济一体化经验［J］. 现代经济信息，（11）：172-173.

北京市习近平新时代中国特色社会主义思想研究中心. 用好推动高质量发展的辩证法. 经济日报［N］. 2018-7-12（14）.

中国科学院海洋领域战略研究组, 2009. 中国至 2050 年海洋科技发展路线图 [M].
北京: 科学出版社.

仲雯雯, 2011. 我国海洋战略性新兴产业发展政策研究 [D]. 青岛: 中国海洋大学.

周乐萍, 2019. 中国全球海洋中心城市建设及对策研究 [J]. 中国海洋经济, (1):
35-49.

ADDIS P, CAU A, MASSUTI E, et al., 2006. Spatial and temporal changes in the assemblage
structure of fishes associated to fish aggregation devices in the western mediterranean [J].
Aquat Living Res (19): 149-60.

AEA Energy & Environment, 2006. Review and analysis of ocean energy systems development
and supporting policies. A report of Sustainable Energy Ireland for the IEA's implementing
agreement on ocean energy systems.

ALAN, 1997. The Law of the Sea Convention and U.S. [J] Policy Updated, 81 (11):
101-123.

Alexander K, Wilding TA, Heymans JJ, 2013. Attitudes of scottish fishers towards marine re-
newable energy [J]. Mar Policy, (37): 239-244.

Ashuri T, van Bussel G, Mieras S, 2013. Development and validation of a computational
model for design analysis of a novel marine turbine [J]. Wind Energy, (16): 77-90.

Ben Elghali SE, Benbouzid MEH, Charpentier JF, 2007. Marine tidal current electric power
generation technology: state of the art and current status. In: Proceedings of the IEEE inter-
national electric machines & drives conference [R], IEMDC'07, 2. 1407-1412.

Bene C, Doyen L, Gabay D, 2001. A Viability Analysis for a Bio-Economic Model [J]. Eco-
logical Economics, (36): 385-396.

Benito. G. R. G. et al, 2003. A cluster analysis of the maritime sector in Norway. International
Journal of Transport Management, (14): 203-215.

Besio G, Losada M, 2008. Sediment transport patterns at Trafalgar offshore wind farm [J].
Ocean Eng, (35): 653-65.

Boehlert GW, Gill AB, 2010. Environmental and ecological effects of ocean renewable energy development [J]. Oceanography, 23 (2): 68-81.

Chong HY, Lam WH, 2013. Ocean renewable energy in Malaysia: the potential of the straits of Malacca [J]. Renew Sustain Energy Rev, (23): 169-178.

Commission of the European Communities, 2008. Offshore Wind Energy: Action needed to deliver on the Energy Policy Objectives for 2020 and beyond. Brussels, Belgium.

Commission of the European Communities, 2007. An Integrated Maritime Policy for the European Union [R]. Brussels, Belgium: 58-69.

Cx Pon Tecorvo, M. Wlkinson, 1972. Oceans governance and the implementation gap [J]. Marin Policy, 27 (9): 49-56.

Doloreux D, Melançon Y, 2009. Innovation-support organizations in the marine science and technology industry: The case of Quebec's coastal region in Canada [J], Marine Policy, 33 (1): 90-100

de Laleu V, 2009. La Rance tidal power plant 40-year operation feedback lessons learnt [R]. In: Proceedings of BHA Annual Conference.

Desholm M, Kahlert J, 2005. Avian collision risk at an offshore wind farm [J]. Biol Lett, (1): 296-298.

Dolman S, Simmonds M, 2010. Towards best environmental practice for cetacean conservation in developing Scotland's marine renewable energy [J]. Mar Policy, (34): 1021-1027.

Doloreux D, Melaneon Y, 2008. on the dynamles of in-novation in Quebec's coastal maritime industry [J]. Technovation, (28): 231-243.

Emerson J, 2008. The state of the nation's ecosystems: measuring the land waters and living resources of the United States [R]. The H John Heinz III Center for Science. Economics and the environment.

Esty DC, Kim C, Srebotnjak T, et al., 2008. Environmental performance index. Technical report [R]. Yale Center For Environmental Law Policy And Center For International Earth Science Information Network (CIESIN).

European Commission, 2007. Energy for a changing world: An energy policy for Europe - the need for action.

European Ocean Energy Association, 2009. Ocean Energy: A European Perspective.

Falcão AFO, 2010. Wave energy utilization: a review of the technologies [J] . Renew Sustain Energy Rev, 14 (3): 899-918.

Fast A, DItri F, Barclay D, et al., 1990. Heavy metal content of coho (Onchorhynchus kisutch) and chinook salmon (O. tschawytscha) reared in deep upwelled ocean waters in Hawaii [J] . J World Aquac Soc, (21): 271-276.

Goss-Custard J, Warwick R, Kirby R, et al. , 1991. Towards predicting wading bird densities from predicted prey densities in a post-barrage Severn estuary [J] . J Appl Ecol, (28): 1004-1026.

Halpern BS, Longo C, Hardy D, et al. , 2012. Anindex to assess the health and benefits of the global ocean [J] . Nature, 488 (7413): 615-20, http: //dx. doi. org/10. 1038/nature11397.

Harrison J, 1987. The 40 MW OTEC plant at Kahe Point, Oahu, Hawaii: a case study of potential biological impacts [J] . NOAA Technical Memorandum NMFS SWFC-68.

Hastings M, Popper A, 2005. Effects of sound on fish [R] . California Department of Transportation.

Hooper T, Austen M, 2013. Tidal barrages in the UK: ecological and social impacts, potential mitigation, and tools to support barrage planning [J] . Renew Sustain Energy Rev, (23): 289-298.

http: //www. innovation. ca/en/news/? &news_ id=68

International Oceanographic Commission, 2007. National Ocean Policy. The Basic Texts from: Australia, Brazil, Canada, China, Colombia, Japan, Norway, Portugal, Russian Federation, United States of America [R] . UNESCO, IOC Technical Series 75. Paris, France.

Jia Z, Wang B, Song S, et al. , 2014. Blue energy: current technologies for sustainable power generation from water salinity gradient [J] . Renew Sustain Energy Rev, (31): 91-100.

Johnson K, Kerr S, Side J, 2013. Marine renewables and coastal communities experiences from the offshore oil industry in the 1970s and their relevance to marine renewables in the 2010s [J]. Mar Policy, (38): 491-499.

Kareiva P, Lalasz R, Marvier M, 2011. Conservation in the anthropocene: beyondsolitude and fragility [J]. Breakthrough, (2): 29-37.

Kareiva P, Watts S, McDonald R, et al., 2007. Domesticated nature: shapinglandscapes and ecosystems for human welfare [J]. Science, (316): 1866-9.

Kim G, Lee ME, Lee KS, et al., 2017. An overview of ocean renewable energy resources in Korea [J]. Renew Sustain Energy Rev, (16): 2278-88.

Kirshvink J, 1997. Magnetoreception: homing in on vertebrates [J]. Nature, (690): 339-40.

Lam WH, Bhatia A, 2013. Folding tidal turbine as an innovative concept toward the new era of turbines [J]. Renew Sustain Energy Rev, (28): 463-73, http: //dx. doi. org/ 10. 1016/j. rser. 2013. 08. 038.

Langhamer O, Haikonen K, Sundberg J, 2010. Wave power—sustainable energy or environmentally costly? A review with special emphasis on linear wave energy converters [J], Renew Sustain Energy Rev, (14): 1329-1335.

Langhamer O, Wilhelmsson D, Engstrom J, 2009. Artificial reef effect and fouling impacts on offshore wave power foundations and buoys: a pilot study [J]. EstuarCoast Shelf Sci, (82): 426-432.

Langton R, Davies I, Scott B, 2011. Seabird conservation and tidal stream and wave power generation: information needs for predicting and managing potential impacts [J]. Mar Policy, (35): 623-30.

Lokiec F, Kronenberg G, 2003. South Israel 100 million m3/yeawater desalination facility: build, operateandtransfer (BOT) project [J]. Desalination, (156): 29-37.

Masden E, Haydon D, Fox AD, 2009. Barriers to movement: impacts of wind farms on migrating birds [J]. ICES J Mar Sci, (66): 746-53.

Mazzarol T, 2004. Industry networks in the Australian marine complex [R]. CEMI Report.

Mehmood N, Qihu S, Xiaohang W, 2011. Tidal current turbines. In: Proceedings of the third international conference on mechanical and electricaltechnology [R]. (ICMET-China), Vol. 1-3. PR China: ASME Press.

Neill SP, Litt EJ, Couch SJ, 2009. The impact of tidal stream turbines on large-scale sediment dynamics [J]. Renew Energy, (34): 2803-12.

Nihous GC, 2007. A preliminary assessment of ocean thermal energy conversion resources [J]. Energy Res Technol, 129 (1): 10.

Nihous GC, 2008. Ocean Thermal Energy Conversion (OTEC) and derivative technologies: status of development and prospects [J]. Glob Status Crit Dev Ocean Energy: 31.

NRC. 2008. Desalination: A national perspective. National Research Council of The National Academy, The National Academy \ ies Press. Washington, D. C.

Richard G, 2008. Place-based ocean management: Emerging U. S. law and practice [J]. Ocean & Coastal Management, 51 (28) 659-670.

Rourke FO, Boyle F, Reynolds A, 2010. Tidal energy update 2009 [J]. Appl Energy, 87 (2): 398-409.

Perry I, Barange M, Ommer RE, 2010. Global changes in marine systems: A social-ecological approach [J]. Progress in Oceanography, (9): 1-7.

Schaumberg P J, Grace-Tardy AM, 2010. The dawn of federal marine renewable energy development [J]. Natural Resources & Environment, 24 (3): 15-19.

Schilling MA, 1998. Technological Lockout: An Integrative Model of the Economic and Strategic Factors Driving Technology Success and Failure [J]. Academy of Management Review, 23 (2): 267-284.

SIDE J, JOWITT P. FRED, 2006 Canada's ocean and maritime security [J]. strategic forecast, 34 (1): 67-89.

Thomsen F, Ludemann K, Kafemann R, et al., 2006. Effects of offshore wind farm noise on marine mammals and fish [R]. Newbury, UK; Biola, Hamburg, Germany: on behalf of

COWRIE Ltd.

Todd P. Marine renewable energy and public rights ［J］. Mar Policy 2012；36：667-72.

Vermaas DA, Veerman J, Yip NY, 2013. Elimelech M, Saakes M, Nijmeijer K. High efficiency in energy generation from salinity gradients with reverse electrodialysis ［J］. ACS Sustain Chem Eng, 1 (10)：1295-302.

Wilhelmsson D, Malm T, Ohman M, 2006. The influence of offshore wind power on demersal fish ［J］. ICES J Mar Sci, (63)：775-84.

Wilson B, Batty R, Daunt F, et al., 2007. Collision risks between marine renewable energy devices and mammals, fish and diving birds ［R］. Oban, Scotland：Scottish Association of Marine Science.

Zabihian, F, FUNG AS, 2011. Review of Marine Renewable Energies：Case Study of Iran ［J］, Renewable and Sustainable Energy Reviews, 15 (5) .

后记

　　"向海而兴，背海而衰；禁海几亡，开海则强。"海洋不仅是通达世界各地的黄金水道，更蕴藏着丰富的天然资源，孕育着海洋经济的繁荣兴盛。习近平总书记在致信祝贺 2019 中国海洋经济博览会开幕时指出，海洋对人类社会生存和发展具有重要意义，海洋孕育了生命、联通了世界、促进了发展。联合国把 21 世纪定义为"海洋世纪"，意味着人类要全面认知海洋、经略海洋、开发海洋、利用海洋、保护海洋和管理海洋，共建共享蓝色海洋文明。

　　本书的最初源动力来自于笔者在清华大学期间主持的国家博士后基金课题——"区域海洋经济整合及海洋战略性新兴产业发展与演进"研究，我国是海洋大国，拥有 300 万平方千米主张管辖海域和 1.8 万多千米大陆海岸线，具有得天独厚的天然海洋资源优势，海洋文化和海洋经济发展大有可为——这些促使笔者开始思考促进海洋强国的战略与措施。所以从那时起，笔者就开始酝酿这本以"海洋经济"为主题的书，为了使书中的内容更加详实，在过去的几年里，笔者围绕该主题进行准备，对已有的成果进行整理归纳，并着手撰写本书，经过多次调整，最终定稿。

　　在编写的过程中，笔者曾参阅了许多文献，吸取了众多的研究成果；很多同志提供了相关的资料和提出了宝贵的意见，并给予了大力支持和帮助。在课题研究过程中，许多政府部门、企业和研究机构提供了宝贵的调研机会和资料，在此一并表示感谢。

感谢所有曾给予笔者帮助与力量的师长、朋友和亲人，并诚恳地期待大家批评与指正！

高常水

2019 年于北京万寿路